W0275258

MEISTER DER HEILKUNDE

HERAUSGEGEBEN VON
PROFESSOR DR. MAX NEUBURGER

BAND 3
HEINRICH BORUTTAU
EMIL DU BOIS-REYMOND

RIKOLA VERLAG
WIEN LEIPZIG MÜNCHEN
1922

E du Bois-Reymond

EMIL DU BOIS-REYMOND

VON

HEINRICH BORUTTAU
DR. MED., A.-O. PROF. DER PHYSIOLOGIE AN DER FRIEDRICH-WILHELMS-UNIVERSITÄT IN BERLIN

RIKOLA VERLAG
WIEN LEIPZIG MÜNCHEN
1922

ISBN 978-3-7091-9571-0 ISBN 978-3-7091-9818-6 (eBook)
DOI 10.1007/978-3-7091-9818-6

Softcover reprint of the hardcover 1st edition 1980

VORWORT

DASS der große Physiologe Emil du Bois-Reymond, obschon er persönlich der ausübenden Medizin zeitlebens ziemlich fern gestanden hat, zu den Meistern der Heilkunde zu zählen ist — dafür schlagende Beweise beizubringen, habe ich mich in den folgenden Blättern redlich bemüht, und ich hoffe, daß es mir gelungen ist. Sein Lebenswerk und seine Persönlichkeit zu erschöpfen, reichte aber weder Raum noch Kraft. Trotzdem glaube ich zu der Gesamtaufgabe, zukünftigen Geschlechtern eine pragmatische und biographische Geschichte der Heil- und organischen Naturwissenschaften zusammentragen zu helfen, an der ich seit langem mitarbeite, auch mit diesem Bändchen ein Scherflein beigesteuert zu haben. Viel verdanke ich dabei, sachlich und persönlich, liebenswürdigen Mitgliedern der Familie des Forschers, denen ich dankbar und hochachtend ergebene Gesinnung auch an dieser Stelle versichern möchte.

Berlin-Grunewald, Neujahr 1922.

HEINRICH BORUTTAU

EINLEITUNG

DIE politische Erregung, wir können mit einem gerade von Emil du Bois-Reymond an hervorragender, später zu erwähnender Stelle gebrauchten Ausdruck sagen, Massenpsychose, welche in diesen Jahren der Völkerkatastrophe die europäische Menschheit beherrscht, bringt es mit sich, daß Gedenktage, die unter glücklicheren Umständen die gesamte gebildete Welt in Feierstimmung versetzt hätten, kaum bemerkt, nur von der Fachwelt gewürdigt und im engsten Kreise begangen worden sind. Hieher gehören die 100jährigen Geburtstage der drei größten Schüler des Meisters der deutschen Biologie und Begründers ihrer klassischen Periode, Johannes Müller, von denen derjenige Rudolf Virchows, des Pioniers der Reform der Heilkunde in der zweiten Hälfte des neunzehnten Jahrhunderts, und derjenige Hermann Helmholtz', der aus dem Arzte und Meister der Sinnes-Physiologie zum epochemachenden Physiker wurde, in diesem dritten Jahre des sogenannten Völkerfriedens wenigstens in Deutschland das Bewußtsein der Stellung des deutschen Geistes in der Geschichte der Wissenschaft und in der ganzen menschlichen Kulturentwicklung zu stärken, ein Weniges beigetragen haben mögen. Leider in weiteren Kreisen wenig bemerkt blieb, da er mit den Tagen der den Weltkrieg vermeintlich abschließenden, wochenlang den Atem der Menschheit lähmenden November-Ereignisse des Jahres 1918 zusammenfiel, der hundertste Geburtstag Emil du Bois-Reymonds, des seinerzeit so viel genannten, bewunderten und auch geschmähten Berliner Physiologen und Akademikers.

Als der Verfasser am 13. Dezember desselben Jahres Gelegenheit nahm, das Gedächtnis dieses Mannes in dem engen Kreise der Berliner Gesellschaft für Geschichte der Naturwissenschaften und Medizin im Langenbeck-Virchow-Hause zu feiern, während kurz zuvor wenige hundert Schritte weit die ersten Flintenschüsse seit dem Ausbruch der Revolution in der Reichshauptstadt fielen, waren auch schon bald 22 Jahre seit der denkwürdigen Trauerfeier dahingegangen, die zur Jahreswende 1896/97 das damalige geistige Berlin im Hörsaal des 1877 neu erbauten, später eingehend zu würdigenden physiologischen Instituts in der Dorotheenstraße vereinigte; und wenn bereits damals der Verlauf der Feier unverkennbar hatte merken lassen, daß schon Jahre vor dem Heimgange des unvergleichlichen Forschers, Lehrers und Redners ihm das Schicksal nicht erspart geblieben war, das nach Wilhelm Ostwalds geistreicher Darlegung an dem Beispiele Berzelius' so gar leicht den alternden Bahnbrecher trifft, nämlich der Ruf der Erstarrung in Unproduktivität und ein gewisses Vergessensein noch bei Lebzeiten, so konnten die beiden letzten Jahrzehnte das Schicksal nur zu leicht vollenden, das für einen Mann wie Emil du Bois-Reymond die Unterschätzung seiner tatsächlichen Verdienste um die Förderung der experimentellen Naturwissenschaft und als Lehrer ungezählter Ärzte- und Naturforscher-Generationen bedeuten würde. Ebenso hart und unverdient wäre es, wenn es den Angriffen philosophierender Tagesschriftsteller und Liebhaber-Biologen, an denen es zu seinen Lebzeiten und leider selbst bei Gelegenheit seines Heimganges nicht gefehlt hat, gelungen wäre, Emil du Bois-Reymond als Vertreter einer überlebten rein materialistischen allgemeinen Weltanschauung in Vergessenheit zu bringen. Dies zu verhindern (so schrieb der Verfasser am 5. November 1918 in der damaligen „Norddeutschen Allgemeinen Zeitung"), dafür zu sorgen, daß er nicht lediglich in einem Atem mit Büchner und Moleschott (durch deren Plattheiten übrigens auch nicht etwa gewisse Verdienste um die Verbreitung und Volkstümlichmachung naturwissenschaftlicher Erkenntnisse völlig ausgeglichen und vernichtet werden !), genannt werde, sollte das mindeste sein, wozu der Gedenktag dieses bedeutenden Mannes Anlaß gäbe, der mit seinen drei Freunden und Fachgenossen Karl Ludwig, Ernst Brücke und Hermann Helmholtz, mit Virchow und anderen Schülern Johannes Müllers die klassische Periode physiologischer Forschung in Deutschland bedeutet hat.

Und wenn in nicht zu leugnender Einseitigkeit Emil du Bois-Reymond fast nur ein, anscheinend eng umgrenztes, Gebiet der Lebenserforschung selbstschaffend gefördert und bereichert hat — ein Gebiet, dessen theoretische und praktische Bedeutung vielfach von Biologen von Fach, Ärzten und urteilslosen Laien in gleicher Weise nicht gewürdigt, bzw. mißverstanden, ja herabgesetzt und lächerlich gemacht worden ist —, so hat gerade die Entwicklung der biologischen Wissenschaften in allerletzter Zeit, ihre ungeahnte Förderung durch die engen Beziehungen zu der neuen Grenzwissenschaft der physikalischen Chemie die wirkliche grundlegende Bedeutung kennen gelehrt, welche du Bois-Reymond seinem Lieblings- und Sondergebiet der Forschung, den bioelektrischen Erscheinungen, wenn auch teilweise vielleicht noch in etwas anderem Sinne als heute, zugewiesen wissen wollte. Vieljährige Beschäftigung auf diesem Gebiet, die seit der persönlichen Berührung mit du Bois-Reymond in den eigenen Lehrjahren den Verfasser mit der Mehrzahl der großenteils seitdem ebenfalls dahingegangenen bahnbrechenden Forscher dieses Gebietes bekanntgemacht und ihn seine Weiterentwicklung persönlich hat miterleben lassen, veranlaßte ihn, gern der Aufforderung des Herausgebers der „Meister der Heilkunde" zu folgen, in deren Rahmen die Lebensbeschreibung und Würdigung Emil du Bois-Reymonds zu übernehmen. Ihr Erscheinen wird, wenn sie auch zum hundertjährigen Geburtstage zu spät kommt, doch das Gedenken an die fünfundzwanzigjährige Wiederkehr seines Todestages beleben können.

I.

JUGEND

EMIL DU BOIS-REYMOND wurde am 7. November 1818 in Berlin geboren als Sohn des damaligen Geheimen Regierungsrates und Vertreters der Neuenburgischen Angelegenheiten im preußischen Ministerium des Auswärtigen, Felix Henri du Bois-Reymond, der aus einem Dorfe des jetzigen Schweizer Kantons Neuenburg (Neuchâtel) stammte, welcher damals zu Preußen gehörte, 1804 als ganz mittelloser junger Mann nach Berlin eingewandert war und, nachdem er ursprünglich das Uhrmacherhandwerk erlernt hatte, es durch Begabung und Willenskraft, rastlosen Fleiß und Selbstfortbildung zunächst zum Kadettenhauslehrer in der preußischen Hauptstadt gebracht hatte. Er hatte die Tochter eines Predigers der französischen Gemeinde in Berlin, Minette Henry, geheiratet, dessen Gattin eine Tochter des berühmten Graphikers Daniel Chodowiecki war. So floß gallisches und slavisches Blut in den Adern der fünf Kinder der Familie: Julie, Emil, Félicie, Paul (der spätere namhafte Mathematiker in Tübingen und Berlin) und ein frühverstorbener Knabe Gustav. Wie in ihrer Einleitung zu den Jugendbriefen des Physiologen an Eduard Hallmann, die sie zu seinem hundertsten Geburtstag bei Dietrich Reimer veröffentlicht hat, seine Tochter Estelle du Bois-

Reymond bemerkt, war Französisch die Sprache im Hause, da der Vater sich im Deutschen nie ganz heimisch fühlte und die Mutter mit beiden Sprachen gleich vertraut war.

Übrigens hat Felix Henri du Bois-Reymond, der seine Mutter als arme Witwe verlassen und, als es ihm besser ging, fortlaufend unterstützt hat, aber sie lebend nicht mehr wiedersehen durfte, zuerst 1830 sein Heimatland wiedergesehen und, später durch die glänzende Berliner Laufbahn zum Vertreter Neuenburgs bei der preußischen Regierung aufgerückt, bis die Folgen der achtundvierziger Ereignisse die Abtrennung bewirkten und damit seine Versetzung in den Ruhestand, — zeitlebens mit den Verwandten und Honoratioren seiner Juraheimat in Verbindung gestanden, zu deren dauernden Ehrenbürgern er und seine Nachkommen ernannt wurden. Er hat sich auch wissenschaftlich betätigt und ein grundlegendes linguistisch-ethnologisches Werk verfaßt: „Kadmus" oder „allgemeine Alphabetik", Berlin 1832.

Ferner ist sein, unbewußt in Malthus'schen Fußstapfen wandelndes, unter dem Namen Bodz-Reymond (Bodz war die alte Form des Familiennamens Bois oder du Bois) 1837 in Berlin erschienenes Buch „Staatswesen und Menschenbildung; umfassende Betrachtungen über die jetzt in Europa zunehmende National- und Privatarmut" und seine anschließende Betätigung für einen „christlichen Sozialismus" wichtig und enthält vieles jetzt wieder Zeitgemäße. Näheres darüber, wie über seine Person, sein Familienleben und die Kultur des damaligen Berlin mit besonderer Berücksichtigung der französisch-hugenottischen Kolonie enthält in reichem Maße das Buch, das unter dem Titel „Felix du Bois-Reymond" 1912 von Eugenie Rosenberger veröffentlicht wurde, einer Tochter seiner Tochter Julie, der älteren Schwester des Physiologen, die im Juli

1837 den Badearzt in Kösen und späteren Geh. Medizinalrat Dr. Otto Rosenberger, Sohn eines kurländischen Pfarrers, geheiratet hat, der für den Aufschwung des Bades wie für die gesundheitliche Wohlfahrt der gesamten weitverzweigten Familie viel getan hat. Dieser interessanten Biographie und einem mir gütigst von Herrn Kollegen René du Bois-Reymond zur Verfügung gestellten Stammbaum der Familie Chodowiecki verdanke ich die Möglichkeit des Versuchs, dieser Schrift einen Stammbaum der du Bois-Reymonds beizufügen.

Emil du Bois-Reymond hatte durch den Besuch des französischen Gymnasiums die humanistische Bildung in der dort heimischen gediegenen Gründlichkeit zugleich mit der dort traditionellen, die häusliche Gewohnheit ergänzenden Pflege des Französischen und mit einer, die sonstige Gepflogenheit der Gymnasien weit überragenden mathematischen Vorbildung verbunden; doch gehörte er nicht zu den frühreifen Naturen, die sich schon auf der Schule ein Lebensziel gesetzt haben, und sein Vater, der „dem Sohne trotz seiner beschränkten Mittel in großartiger Weise die Freiheit jahrelangen, durch keine Erwerbsrücksichten behinderten Studiums ermöglichte und gütig, wenn auch strenge, soweit seine Einsicht reichte, die ersten Schritte der Laufbahn der Söhne lenkte", war weit entfernt, ihnen den zu ergreifenden Beruf oder ein bestimmtes Brotstudium vorzuschreiben. So trieb Emil, während er bei seinen Eltern im Hause Potsdamerstraße 36A wohnte, von 1837 ab Studien in verschiedenen Natur- und Geisteswissenschaften in Berlin, durch ein Bonner Semester unterbrochen, bis er durch den freundschaftlichen Verkehr mit Eduard Hallmann, einem Manne, der fünf Jahre älter war als er und einen ähnlichen Entwicklungsgang durchgemacht hatte, endgültig der Biologie gewonnen wurde. „Ich war", so schreibt er selbst, „bei mathematischen Studien angelangt, die mir leblos blieben, weil sie an sich kein meinen eigentümlichen Kräften zusagender Stoff waren, der formalen Bildung aber, die sie mir gewährten, noch kein genügender Inhalt entsprach. Kein Wunder, daß in dieser peinlich zerrissenen Lage Hallmanns reife und sichere Persönlichkeit sich leicht meiner bemächtigte. Wie überhaupt am Verkehr mit Menschen, hatte er an dieser Art didaktischen Umgangs eine besondere Freude und zeigte darin so viel Geduld und Eifer wie psychologischen Scharfblick. An seiner Hand wurde ich in das Gebiet der organischen Naturwissenschaft eingeführt. Unverzüglich erteilte er mir selber den ersten Unterricht in der Osteologie, und auf Streifzügen in der Umgegend Berlins, deren Armseligkeit ein poetisch jugendlicher Sinn verklärte, in der Botanik. Wenn es mir seitdem vergönnt gewesen ist, in der Physiologie etwas Ersprießliches zu leisten, so gebührt das Verdienst davon zunächst ihm."

Eduard Hallmann, der aus Hannover stammte und zunächst in Göttingen Theologie studiert hatte, um dann zu den Naturwissenschaften überzugehen und 1834 nach Berlin gekommen war, war Johannes Müllers Assistent am Anatomischen Museum, wo er sich hauptsächlich mit vergleichender Knochenlehre beschäftigte. Unglücklicherweise während seiner ersten Studienzeit in einen politischen Prozeß verwickelt und von den preußischen Behörden nicht zur Praxis zugelassen, ging er nach Beendigung seiner Studien nach Belgien, da er mit Theodor Schwann, damals bereits Professor der Anatomie und Physiologie in Löwen, befreundet war, und ließ sich schließlich in Brüssel als Arzt nieder. Trotz eifriger Beschäftigung mit der wissenschaftlichen Begründung und praktischen Anwendung der Wasserheilkunde erlebte er im Ausland nur Enttäuschungen und kehrte später nach Deutschland zurück. Nachdem ihm endlich in Preußen die Praxis gestattet wurde, leitete er eine Heilanstalt bei Boppard am Rhein und ist 1855 im Alter von nur 42 Jahren gestorben. Emil du Bois-Reymond hat die geistige Persönlichkeit Hallmanns, welche einen so großen Einfluß auf ihn, den Jüngeren, lebhafter Begabten, in seiner späteren Lebenslaufbahn Glücklicheren, ausgeübt hat, mit überschwenglichen Worten geschildert, welche in der Einleitung zu den obenerwähnten Jugendbriefen wiedergegeben sind. Dieser starke Einfluß lag hauptsächlich in der Zeit vor dem Einsetzen der dort wiedergegebenen Korrespondenz zwischen dem nunmehrigen Studenten der Medizin und dem fernen, älteren Freunde. Dieser hatte ihm einen förmlichen Studienplan für das, nach bereits betriebenen chemischen und physikalischen Studien noch nötige Triennium vom Winter-Semester 1839 bis zum Sommer-Semester 1842 zusammengestellt, mit allen möglichen freundschaftlichen Winken und schnurrigen Einzelheiten über die zu hörenden Lehrer, praktischen Übungen und Kliniken usw. (ebenfalls in obiger Einleitung wiedergegeben), welcher einen höchst ausgebildeten kritischen Sinn in der Beurteilung der lehrenden Persönlichkeiten und Wertung der Einrichtungen und Umstände für die Ausbildung in den einzelnen Fächern verrät, den wir in den brieflichen Berichten des sich entwickelnden großen Naturforschers und entschiedenen angehenden „Arztes wider Willen" an den fernen Freund und Mentor in eher verstärktem Maße und weit eigenwilligerer Form wiedererkennen: ebenso die umfassende Begabung, vielfache Liebenswürdigkeit, vielleicht auch gewisse menschliche Schwächen, die sich im Laufe seines späteren Lebens und Wirkens gelegentlich gezeigt haben, und eine Frühreife zu welcher eine gewisse Langsamkeit und zögernde Bedenklichkeit in der Wahl des Studienfachs und der Arbeitsgegenstände in einem offenbar glücklich ergänzenden Gegensatze stehen. Natürlich hatte Hallmann dem jungen du Bois entsprechende Benutzung der Lerngelegenheiten bei Johannes Müller und seinem damaligen Prosektor Jakob Henle, dem späteren berühmten Göttinger Anatom, warm ans Herz gelegt, in dem Sinne, in dem gründliche anatomische und physiologische Vorbildung von jedem Mediziner gefordert werden muß; übrigens hatte er infolge eines Zwiespaltes ihm von Müller und seiner Umgebung eine Schilderung gemacht, die kaum dazu angetan gewesen wäre, die Begeisterung und das Sichhingezogenfühlen selbst eines jungen Mannes mit besonderer Neigung zu den biologischen Wissenschaften zu erregen; und es ist äußerst ergötzlich, aus du Bois' Briefen an Hallmann in den ersten Semestern zu ersehen, wie er mit der Voreingenommenheit gegen die Schwächen Johannes Müllers als eines Mannes, der in seinem Gelehrtenstolz und Bewußtsein seiner Größe oft schroff und abstoßend auftrat, aber im Grunde nicht mit dem Mute des Löwen begabt war, ihm durch selbstbewußtes Auftreten zu imponieren sucht und sehr bald Zutritt in die Heiligtümer seines Museums, nach Ablegung des sogenannten Philosophikums (des jetzigen ärztlichen Vorexamens) auch persönliche Unterweisung und Anregung zur selbständigen Bearbeitung wissenschaftlicher Themata erfuhr. Auf einer in den Herbstferien 1839 unternommenen Reise nach Thüringen wurde er in Jena mit dem gerade dorthin berufenen Entdecker des Zellenbaues der Pflanze, Schleiden, persönlich bekannt, dessen Eigenart und geistige Größe, zumal ihn Hallmann zu seinen Freunden zählen durfte, ihn ebenso tief ergriff, wie bald darauf nach allem was er bei Müller las und hörte, die Bedeutung des Entdeckers der tierischen Zellenlehre, des vormaligen Mitarbeiters Johannes Müllers, Theodor Schwanns, der, wie gesagt, ja auch Hallmanns Freund war. So unmittelbar unter dem Eindruck der neuen Richtung in der Biologie, alle Tage im Umgang mit Müller und seinen Mitarbeitern Henle, Lichtenstein und dem Engländer Smith in der Lage, vorzügliche Mikroskope zu benutzen, sehen wir ihn auf die Bahn morphologischer Betätigung hingewiesen und doch seinen Blick selbständig richtend, wenn er im Februar 1840 an Hallmann nach Löwen schreibt, daß er „von der Anatomie einen ganz anderen Begriff und viel mehr Respekt bekommen habe ... Es sei merkwürdig, daß er in seinem sechsten Semester (seit Beginn seiner Studienzeit gerechnet) in einen Fehler verfallen sollte, den er bisher mit der größten Leichtigkeit bis ins andere Extrem vermieden hatte" ... „Trieb ich früher allzu einseitig immer nur ein Objekt zu gleicher Zeit, so will ich jetzt allzuviel „de front" führen und es kommt nichts Rechtes dabei 'raus. Aber zur Anatomie ohne Physiologie hab' ich mich noch nicht vollständig resigniert, zur vergleichenden Anatomie ladet das Museum mit seinen Schätzen ein; ohne Zoologie keine vergleichende Anatomie; auch hier gibt's keine andere Weisheit als Resignation." Auch auf einem anderen Gebiet erkennen wir frühzeitig die Spuren späterer Geistesrichtung. Wir sehen die Freundschaft mit dem gutmütigen Engländer Smith in die Brüche gehen, da ihm dieser zu pietistisch ist und bereits in seinen Knabenjahren die Strenggläubigkeit seines stets überarbeiteten und gesellschaftlich vereinsamten Vaters und die calvinistischen Predigten seines Oheims Paul Henry ihn derart abgestoßen und den Widerspruchsgeist des geborenen Naturforschers in ihm geweckt hatten, daß die

Briefe an Hallmann von atheistischen Ausfällen gegen Christenglauben und Geistlichkeit wimmeln, die sich von den späteren berühmt gewordenen Äußerungen des akademischen Redners in dieser Hinsicht höchstens durch die ungeschlachte Form und burschikose Fassung unterscheiden, die ihnen das jugendliche Feuer des nicht selten absichtlich „schnodderig tuenden“ Berliner Studenten verlieh. Derjenige Mitarbeiter Müllers, an den er sich nach dem Bruche mit Smith und weiterhin im Verlaufe seiner histologischen Studien, zu denen er sich mit des Vaters Erlaubnis mit einem Taufgeschenk des Großvaters bei Pistor ein eigenes Mikroskop machen ließ, besonders freundschaftlich anschloß, war Reichert, von dem er sagt, daß er ihm für sein Fortschreiten in Lebensweisheit und Wissenschaft so viel und mehr verdankte als Hallmann. Im Frühjahr 1841 hat du Bois „einen jüngeren Naturforscherverein gestiftet, der bis jetzt nur aus fünf Mitgliedern besteht und sich alle 14 Tage versammelt“, gleichzeitig turnt er tüchtig und pflegt das gesellschaftliche Leben, nachdem er „in mehrere brillante Familien, z. B. die Treskowsche, sich Eingang zu verschaffen gewußt“ und sich auf die Bekanntschaft der Frau Paalzow, der Verfasserin des Romans „Saint Roche“, und der Bettina v. Arnim freut, deren Briefe für ihn ein literarisches Erlebnis ganz besonderer Art sind. „Auch mit den Damen“ wußte er sich jetzt „vortrefflich zu unterhalten, nachdem er durch Teilnahme an öffentlichen Tanzstunden im Englischen Hause sein Tanzen wieder aufs beste rehabilitiert hatte“. Von allen Freunden schwärmt er besonders für seinen Altersgenossen und Teilnehmer an der ebenerwähnten Vereinsgründung Ernst Brücke, dem es gleichfalls gelungen war, sich bei Johannes Müller einen Weg zu bahnen. „Er ist von Altersgenossen“, so schreibt du Bois an Hallmann,

„der erste adäquate Kopf, dem ich begegne. Unglaublich vieles erlebt und gedacht, so fein und schlau und einfach in seinen wissenschaftlichen Leistungen, eine ruhige, freundliche Persönlichkeit. Hohe Stirn, kurzes, krauses, tornisterblondes Haar, blaue Augen, die ausgezeichnet kultiviert sind, bezeichnen den norddeutschen Denkerkopf." „... Du wirst Dich vielleicht des Juden Meyer entsinnen können, der bei Henle vor mehreren Jahren assistierte. Dieser helle bedeutende Kopf — daß doch nur ein Viertel unserer christlichen Gelehrten so rein und vorurteilsfrei dächten wie dieser im strengsten Mosaismus erzogene Jude — ist in unserem Bunde der Dritte. Es ist nicht leicht in Berlin ein übermütigeres Kleeblatt beisammen gewesen als wir drei; und wenn wir unsere kosmologischen Ansichten zu besprechen und zu entwickeln beginnen, müßte jeder Bonze glauben das Wurstgift im Magen zu haben." Daß die hier zutage tretende, vorurteilslos-günstige Beurteilung jüdischen Wesens in dem Falle hoher geistiger Begabung auf die spätere Auswahl der Mitarbeiter und geförderten Lieblingsschüler des Physiologen nicht ohne Einfluß geblieben ist, werden wir noch sehen. Wenn in dem gleichen Briefe vom Mai 1841 du Bois von einer Jugendangebeteten schwärmt und erzählt, daß er sie im Traum ein Galvanometer wickeln sah, so hängt dieser Anteil des „Komplexes", dessen weitere Deutung wir ruhig unseren zünftigen Psycho-Analytikern überlassen wollen, mit einer Beschäftigung zusammen, die er wie so manches andere mechanische begonnen hatte und allmählich, da die betreffenden Kunsthandwerker vielfach versagten, zu großer improvisatorischer Vollkommenheit entwickelte, und die notwendig war für die Bearbeitung des physikalisch-physiologischen Themas, auf das ihn zu Ende des Jahres 1840 Johannes Müller hingewiesen hatte. Nachdem dieser vor seiner

Abreise in die Herbstferien des Jahres 1840 ihm die fünf folgenden Themata angegeben hatte: 1. Untersuchung der Leber der Krustentiere und Schnecken; 2. Aufsuchung des Gehörorgans der Insekten; 3. Bestimmung einiger fossiler Amphibien-Schädel im genealogischen Museum; 4. Bestimmung der Wirkung der Randstrahlen am menschlichen Auge durch Erweiterung der Regenbogenhaut mit Tollkirschen-Extrakt; 5. Untersuchung der Verdauung der Vögel — und nachdem ihm diese Aufgaben für einen Anfänger reichlich schwierig erschienen waren, hatten Reichert und Müller „getrachtet, seine Bestrebungen auf andere, gewiß fruchtbarere und bedeutendere Punkte zu richten" ... „Sowie die warme Jahreszeit beginnt und Frösche bringt, werd' ich anfangen, über die Furchung im Verhältnis zur Zellentheorie Beobachtungen anzustellen ... Der andere Gegenstand, den mir Müller aufs dringendste (ganz von selbst, weil er meinte, die Aufgabe sei für mich, ich für die Aufgabe geschaffen) ans Herz gelegt hat, ist Wiederholung, Fortführung und Prüfung der älteren und der neuen Matteuccischen Versuche über den Froschstrom und das Verhalten des Nervenprinzips zur Elektrizität. Ich habe das Bezügliche nachgelesen und glaube auf einige Spekulationen a priori wohl die Hoffnung gründen zu dürfen, Induktion der Elektrizität durch das Nervenprinzip zu erlangen. Augenscheinlich haben alle, welche bisher diesen Gegenstand untersuchten, den alten Humboldt vielleicht ausgenommen, der aber die Sache längst aus den Augen verloren hatte, als der Elektromagnetismus und die Induktion entdeckt wurden, bald nichts von Physik, bald nichts von Physiologie verstanden und so ist es gekommen, daß noch keiner die Sache von dem Standpunkt hat auffassen können, von dem ich sie gleich ergriff, und der die Wenigen, denen ich bisher Mitteilungen darüber gemacht, mit den kühnsten Hoffnungen erfüllt hat. Außer einem sehr empfindlichen Galvanometer, dessen Bau mich diese Woche beschäftigen soll, steht mir alles Material reichlich zu Gebot...."

Ganz so schnell, wie es der sanguinische angehende Forscher dachte, ist es nun mit der Erfüllung dieser seiner kühnen Hoffnungen nicht gegangen. Die erste Wickelung des Galvanometers mißlang, du Bois selbst plagte sich mit dem Transport der Apparate, der Frösche und des Eises zu ihrer Konservierung bis hinauf über die zum Anatomischen Museum führenden Treppen in den Sommermonaten, in denen er gleichzeitig seinen pathologischen und klinischen Studien oblag, und kam so nicht über die ersten Vorbereitungen zu der Arbeit hinweg, die seine Lebensaufgabe werden sollte. Nachdem er inzwischen das Kompagnie-Chirurgen-Examen gemacht hatte, das er als „sehr vergnüglich" beschreibt, oblag er im Winter 1841/42 dem Militärdienst, der damals bekanntlich von dem Mediziner ausschließlich im Lazarett absolviert wurde. In allem, was er hierüber berichtet, offenbart er eine persönliche Abneigung gegen die praktische Medizin, die aber die hohe Würdigung nicht etwa ausschließt, die er in der Tat, wie schon in seinen Briefen an Hallmann, so durch sein ganzes Leben der Bedeutung des ärztlichen Berufes hat zuteil werden lassen, sofern dieser von nach Anlage und Charakter dazu befähigten Männern auf Grund wissenschaftlicher Vorbildung und praktischer Tüchtigkeit ausgeübt wird. Eine wie feine Empfindung Emil du Bois-Reymond für alle inneren und äußeren Mängel, rein menschliche Schwächen, wissenschaftliche Ignoranz und Scharlatanerie in der Privatpraxis und im öffentlichen Auftreten von Ärzten hatte, das zeigt sich in den oft spitz geschliffenen Bemerkungen und Erzählungen selbst erlebter

Episoden an den klinischen Größen seiner Lehrzeit, Stosch, Schönlein, Dieffenbach, Jüngken und anderen. Auch in den Schlaglichtern, mit denen er die politischen Zeitverhältnisse, vor allem den Wechsel des preußischen Monarchen, bedenkt, zeigen sich in entschiedener Weise die Vorläufer seiner uns später in den akademischen Reden und gelegentlichen Äußerungen in der Öffentlichkeit entgegentretenden Anschauungen.

Bis zum Mai 1842 war er in seiner elektrophysiologischen Arbeit „ein gut Stück weitergekommen, obgleich das Ziel noch im Blauen liegt". Er hatte hundert Seiten Manuskript liegen, die er nur als kritisch-historische und technische Einleitung betrachtete. Einen Teil davon verwendete er für seine Inauguraldissertation, die in lateinischer Sprache alles zusammenstellte, was er von Kenntnissen und Angaben des klassischen Altertums über die Zitterfische, deren elektrische Kraft ja inzwischen als solche erkannt war, hatte auffinden können. Nachdem sein Freund Brücke bereits mit einer Arbeit über die Diffusion der Flüssigkeiten und ihre Bedeutung für das organische Leben promoviert hatte, erwarb endlich du Bois-Reymond am 10. Februar 1843 die medizinische Doktorwürde, indem er in der feierlichen Disputation unter der Leitung Johannes Müllers als Dekans vier Thesen verteidigte, deren erste — wie er an Hallmann schreibt, „Reichert zu Ehren" — eine inzwischen längst widerlegte Theorie der Furchung des Tiereies aufstellt; die zweite ist nichts mehr und nichts weniger als die Behauptung, daß in der unbelebten und belebten Natur alle Kräfte in letzter Linie rein mechanischer (anziehender oder abstoßender) Art seien, — wie er an Hallmann schreibt — mit Brücke als Opponenten, „der sich dumm stellen wird, um die entgegengesetzte Ansicht nach Kräften lächerlich zu machen". Wir werden diesem Titanenkampfe, den der Forscher sein ganzes Leben lang gegen die immer wieder auftauchende Lehre von der Lebenskraft geführt hat, sehr bald in vollendeter literarischer Form begegnen. Die dritte These betraf die feineren pathologischen Veränderungen bei der Lungenentzündung; er schreibt Hallmann, daß er selbst hiervon nichts verstehe, daß die in ihr zum Ausdruck kommende Bekämpfung der Ansichten des berühmten Wiener pathologischen Anatomen Rokitansky von Meyer, dem ihm befreundeten Schüler Johannes Müllers, herrührte, der auch „seine Pauke redigieren werde“. Die vierte These spricht von den großen Schädigungen der menschlichen Gesundheit durch die Kriege, wobei ihm sein Freund, der Leutnant Techow, opponieren sollte. Nach erledigter Promotion, wie es damals und auch noch in des Verfassers Studienzeit üblich war, trat du Bois-Reymond in das medizinische Staatsexamen ein als „königlich-preußischer Kursist“, wie es damals hieß. Es ging ihm leicht vonstatten, ja es hinderte ihn nicht, am Fastnachtsabend im Domino „mit Müller, Dove (dem Physik-Professor), Böhm (Assistenten des Chirurgen Dieffenbach) und anderen anständigen Leuten zusammen“ an dem Maskenball auf dem Königsschlosse teilzunehmen, auf dem auch Alexander von Humboldt erschien, „stehenden Fußes von Paris angelangt“. Am anderen Morgen ging du Bois zu ihm hin und überbrachte ihm mehrere Exemplare der Abhandlung in Poggendorffs „Annalen der Physik und Chemie“ (Januar 1843, Band 58, Seite 1), in welcher er unter dem Titel „Vorläufiger Abriß einer Untersuchung über den sogenannten Froschstrom und über die elektromotorischen Fische“ die wichtigen Ergebnisse zusammengestellt hatte, welche die Bearbeitung des ihm von Müller empfohlenen

Gegenstandes inzwischen gezeitigt hatte und welche bis auf den heutigen Tag die wesentlichen Haupttatsachen des Auftretens elektrischer Kräfte an tierischen Gebilden ausmachen. Da er im Laufe dieser Arbeiten zu der Überzeugung gelangt war, daß die von ihm noch zwei Jahre vorher in Briefen an Hallmann mit Hochschätzung behandelten Angaben Matteuccis falsch, seine Arbeitsweise leichtsinnig, sein literarisches Auftreten schwindelhaft und plagiatorisch sei, lag ihm daran, daß die Gelehrten der französischen Hauptstadt, von denen der Italiener sich bewundern ließ und deren Akademie er angehörte, von seinen Berichtigungen und Neuentdeckungen Kenntnis erhalten sollten, und so bat er Humboldt, einen von ihm in französischer Sprache angefertigten Auszug der Arbeit nach Paris empfehlend befördern zu wollen. Humboldt, den das Gebiet, auf dem er einst selbst gearbeitet und eine grundlegende Beobachtung Galvanis bestätigt hatte, bis in sein höchstes Alter außerordentlich interessierte, sagte ihm die Erfüllung des Wunsches zu, und weniger als eine Woche später erhielt du Bois von dem bewunderten Altmeister der Naturforschung die Nachricht, daß seine Schrift tags zuvor an Arago abgegangen sei. Nachdem schon zuvor außer seinen jugendlichen Freunden Männer wie Ermann und Dove du Bois-Reymonds bescheidenes Zimmer aufgesucht hatten, um sich seine bioelektrischen Versuche demonstrieren zu lassen, erlebte er bald die Genugtuung, daß auch Humboldt ihrem Beispiel folgte, und Magnus empfahl ihm, selbst nach Paris zu reisen, um dort die Demonstration zu wiederholen. So sah er denn in der rastlosen Weiterarbeit auf diesem Gebiete seine notwendig auch akademisch erfolgreiche wissenschaftliche Laufbahn vorgezeichnet und schreibt schon 1843 während des Examens an Hallmann: „Übrigens führe ich ein Leben wie ein Hund und verfluche den Kursus alle fünf Minuten einmal, um so mehr, als ich in bewandten Umständen eigentlich gar nicht zu kursieren gebraucht hätte, und abgesehen davon, daß ich eine Menge Geld und schöne Zeit auf so schreckliche Weise totschlage, meinem Konkurrenten Matteucci in Pisa den schönsten Spielraum lassen muß."

II.

DES FORSCHERS LEBENSWERK

Angesichts der nicht glänzenden materiellen Lage seiner Familie war es ein Glück für Emil du Bois-Reymond, daß dank der von ihm so vielfach angeknüpften Beziehungen in der akademischen Welt Berlins und bei ihren persönlichen Machtfaktoren, die ja zu allen Zeiten vor allem anderen für die Hochschullaufbahn maßgebend gewesen sind und bleiben werden, er seine Absichten auf die Laufbahn des Universitätslehrers und rein wissenschaftlichen Forschers in der Physiologie verwirklichen konnte, — womit er übrigens sich in keiner Weise besonders beeilt hat, da das ungestörte, systematische, exakte, experimentelle Weiterarbeiten auf seinen Sondergebieten für ihn vor allem vorging. Seit Hallmanns Weggang, gewissermaßen an seine Stelle getreten, war er als Assistent Johannes Müllers am Anatomischen Museum der Berliner Universität beschäftigt; Anatomie und Physiologie waren ja noch in dem Lehrstuhl Johannes Müllers vereinigt. 1846 habilitierte sich du Bois-Reymond mit einer Schrift über die saure Reaktion der Muskelsubstanz nach ihrem Tode als Privatdozent und sollte Vorlesungen anzeigen, deutsch: über den Nervenstrom; lateinisch: über die Lebenskraft. Aber aus diesen Vorlesungen wurde noch auf Jahre hinaus nichts, da die Forschung und das Interesse für alles Physikalische ihn ganz in Anspruch nahm, worin er sich mit einem jungen Militärarzte aus Potsdam begegnete, Hermann Helmholtz, der der dritte mit ihm und Brücke wurde bei der Bildung eines Freundeskleeblatts, dessen Mitglieder sich im wahren Sinne des Wortes treu bis in den Tod geblieben sind. Die drei versäumten keine Sitzung der am 14. Januar 1845 gegründeten Berliner Physikalischen Gesellschaft, in deren Kreis Ereignisse, wie Faradays Veröffentlichung der Beweise des inneren Zusammenhanges zwischen Magnetismus und Licht die Geister fesselten und alle neuen Beobachtungen und experimentellen Methoden der Mitglieder, zünftiger Physiker, wie Physiologen und Chemiker, mitgeteilt und Erfahrungen bei der Diskussion ausgetauscht wurden, damals schon wie heutigentags.

Als Wendepunkt in der Lebensentwicklung Emil du Bois-Reymonds kann die ausführliche Ausarbeitung seiner bioelektrischen Experimentalergebnisse angesehen werden, die gegen das Jahr 1846 so weit gediehen war, daß er mit dem Verlagsbuchhändler Duncker über die Drucklegung der Handschrift verhandeln konnte, welcher ihm ein Gesamthonorar von 300 Talern anbot, aber keine Ausdehnung des Werkes über 50 Druckbogen zulassen wollte, angesichts der Kosten und der zugesicherten glänzenden Ausstattung mit Kupfertafeln usw. Als, so berichtet er an Hallmann, Duncker im Frühjahr nach Leipzig zur Messe gereist war, ließ er sich durch dessen ersten Handlungsgehilfen, einen Hamburger namens Steinberg (der offenbar um den Vorteil seines Chefs sehr wenig besorgt gewesen sein muß), bereden, sein Werk statt dessen Georg Reimer anzubieten, wobei er, da dieser ebenfalls zur Messe abwesend war, sich an seine ihm von der Turnerei her befreundeten Brüder wandte und durch deren Fürsprache erreichte, daß bei gleichem Honorar und gleicher Ausstattung so viel zum Druck angenommen wurde, als er lieferte. Bis zum Erscheinen des 56 Seiten Vorrede, 744 Seiten Text und Inhaltsverzeichnis und 6 Kupfertafeln, vom Verfasser mit größter Sorgfalt selbst gezeichnet, umfassenden ersten Bandes der „Untersuchungen über tierische Elektrizität", verging indessen noch über ein Jahr, und der unmittelbare Erfolg des Werkes, dessen Eigenart damals wie heute zwar nicht das Interesse, aber das wirkliche Verständnis auf recht enge Fachkreise beschränken mußte, wurde gehemmt durch die Dazwischenkunft des „tollen" Jahres 1848, von dem du Bois am 6. Januar 1849 Hallmann nach Boppard schreibt, „nach solchen Erlebnissen, wie das verflossene Jahr sie den Berlinern gebracht hat, wäre es eigentlich Pflicht, von hier aus seinen Freunden zu melden, daß man weder erschossen, noch an der Cholera gestorben sei". Doch meldete er bald weiter, daß er sich um die politischen Ereignisse nicht gekümmert, am Tage des Märzkampfes selbst übrigens (vielleicht ihm selbst zum Heil) krank gewesen sei.

Von den „Untersuchungen über tierische Elektrizität" erschien die erste Abteilung des zweiten Bandes bereits im folgenden Jahre 1849, während die zweite längere Zeit auf sich warten ließ. Ein Teil derselben kam 1860 heraus und wurde erst 24 Jahre später durch einige Abschnitte ergänzt und insofern abgeschlossen, als du Bois-Reymond außer Nachträgen, Inhaltsverzeichnis und alphabetischem Register ein vom März 1884 datiertes Nachwort schrieb, in welchem er die weitere Entwickelung seiner eigenen und anderer Forscher Arbeit auf dem tierisch-elektrischen Gebiete in diesem Vierteljahrhundert einer kurzen, historisch-kritischen Betrachtung unterwirft, die darin gipfelt, daß das Werk gewissermaßen unvollendet bleiben müsse, weil die seinerzeit befolgte Arbeitsmethodik inzwischen wesentlich verändert und verbessert, die Ergebnisse durch zahlreiche Mitteilungen ergänzt worden waren, die in Akademieschriften, wissenschaftlichen Archiven und Zeitschriften veröffentlicht worden waren und von denen du Bois-Reymond seine eigenen später gesammelt herausgegeben hat in Gestalt der 1875/77 erschienenen zwei Bände „Gesammelte Abhandlungen zur allgemeinen Muskel- und Nervenphysik". Die „Untersuchungen" und die „Gesammelten Abhandlungen" umfassen fast das gesamte Lebenswerk Emil du Bois-Reymonds als Forscher; ja, man kann sagen, daß es im wesentlichen schon fertig vorlag, als 1858 beim Tode von Johannes Müller dessen Lehrstuhl geteilt wurde und du Bois-Reymond das Ordinariat der Physiologie nebst der Leitung des physiologischen Laboratoriums an der Berliner Universität übernahm. Bereits sieben Jahre vorher war er durch den Einfluß Alexander von Humboldts als noch nicht 33jähriger Privatdozent zum ordentlichen Mitglied der Preußischen Akademie der Wissenschaften gewählt worden, der er bis zu seinem Lebensende angehört hat, von 1867 an in dem Amte des ständigen Sekretärs der mathematisch-physikalischen Klasse: — ein Zeichen, welche Berühmtheit in heimischen und internationalen Gelehrtenkreisen der Forscher zu dieser Zeit bereits erlangt hatte, nachdem er die grundlegenden Tatsachen auf seinem Spezialarbeitsgebiet gefunden und zu seinem weiteren Ausbau eine mustergültige Technik selbst geschaffen.

Die Vorgeschichte hat er selbst in der Einleitung zu seinen „Untersuchungen" mit solcher Ausführlichkeit gegeben, daß jeder, der heute die Geschichte der Elektrophysiologie zu schreiben unternehmen wollte, sich darauf, in bezug auf Vollständigkeit, vollkommen verlassen kann.

Als im September 1786 Luigi Galvani die grundlegende Beobachtung gemacht hatte, daß Froschschenkel, die, frisch enthäutet, mit ihren freigelegten Nervenbündeln vermittelst eines kupfernen Hakens an einem eisernen Gitter aufgehängt waren, gewaltig zuckten, wenn sie mit den Fußenden das Gitter berührten, glaubte er bekanntlich diese Wirkung auf elektrische Kräfte zurückführen zu müssen, welche in den überlebenden tierischen Geweben ihren Sitz hätten; und es gehört der Federstreit zur Geschichte der Naturwissenschaften, in dessen Verlauf, gegründet auf seine unsterblichen Versuche, der exakte Physiker Alessandro Volta nachwies, daß die Erregung der tierischen Organe in dem Versuch des Arztes Galvani durch die physikalische Elektrizitätsquelle zustande kam, welche in der Berührung (und, wie wir jetzt wissen, physikalisch-chemischen Wechselwirkung) der zwei verschiedenartigen Metalle (in diesem Falle Eisen und Kupfer) und des feuchten Leiters (in diesem Falle der tierischen Säfte) gegeben ist. Bekanntlich baute Volta solche Zusammenstellungen zweier verschiedenen Metalle und feuchter Leiter in Gestalt der Plattenpaare mit zwischengelegten feuchten Filzscheiben zu seiner (Voltaschen) Säule auf, der ersten Form der hydro-elektrischen Kette, bzw. Batterie, die heute noch fälschlich als galvanisch bezeichnet wird, ebenso die Lehre von der strömenden Elektrizität als Galvanismus, obwohl gerade Galvani, unterstützt von seinem Neffen und Schüler Aldini, in zäher Polemik daran festhielt, daß die von ihm entdeckten elektrischen Kräfte rein animalischen Ursprungs seien. In der Tat gelang es ihm auch im Laufe seiner weiteren Versuche, zu beobachten, daß an lebenden Muskeln Zuckungen auftreten können, ohne daß Metalle im Spiele sind, z. B. bei der Herstellung einer Berührung zwischen dem damit zusammenhängenden Nervenstrang mit einem bloßgelegten anderen Muskel oder dem betreffenden Muskel selbst, und im Augenblicke der Lösung dieser Berührung, beides unter Bedingungen, über deren genaueres Wesen und eigentliche Bedeutung endgültige Klarheit zu schaffen erst unserem du Bois-Reymond vorbehalten geblieben ist. Die Tatsache der „Zuckung ohne Metalle", somit der Reizung lebender Muskeln und Nerven durch in den lebenden Organen selbst zu suchende elektrische Kraftquellen, ist zwar von Volta nur widerwillig anerkannt, aber durch Alexander von Humboldt in seinen klassischen „Versuchen über die gereizte Muskel- und Nervenfaser nebst Vermutungen über den chemischen Prozeß des Lebens in der Tier- und Pflanzenwelt" vom Jahre 1797 auf Grund eigener, sorgfältiger Versuche durchaus bestätigt worden. Daß es sich hierbei um die gleichen physikalischen Kräfte handelt, wie sie bei der Entladung eines Kondensators (Leidener Flasche oder Franklinsche Tafel) durch einen Metalldraht oder bei der Verbindung der beiden Enden der Voltaschen Säule durch einen solchen im Spiele sind, dies endgültig nachzuweisen, war schwieriger als die Darlegung der elektrischen Natur des Schlages der Zitterfische (Zitterroche, Zitteraal, Zitterwels), welche bereits um die Mitte des achtzehnten Jahrhunderts dem Pariser Botaniker Adamson und dem Holländer Gravesande durch den Nachweis der Funkenerscheinung geglückt war. Es bedurfte erst der Ausbildung empfindlicher Meßgeräte für elektrische Ströme, die durch die Oerstedsche Entdeckung des Elektromagnetismus vom Jahre 1820 ermöglicht wurde. Der Erfinder des damals vollkommensten Meßgeräts für schwache elektrische Ströme durch Vereinigung des astatischen Nadelpaares, das der französische Physiker Ampère angegeben hatte, mit des Deutschen Schweigger, aus vielen um die Nadel gewickelten Drahtwindungen bestehenden, „Multiplikator“, der hervorragende italienische Physiker Leopoldo Nobili, hatte 1826 gefunden, daß bei Verbindung der Drahtenden mit dem Rumpf und den Fußzehen eines enthäuteten, aber noch reizbaren Frosches das Meßgerät einen Strom anzeigte, welcher in dem Tiere von den Füßen zu dem Kopfe lief. Mit der Untersuchung und Erklärung dieser Erscheinung hatte sich besonders der italienische Physiker Carlo Matteucci beschäftigt; und, in dem Bestreben, in den lebenden Nerven elektrische Ströme nachzuweisen und damit die schon zu Hallers Zeiten vielfach gemutmaßte Identität des Wesens der Nerventätigkeit mit elektrischen Kräften darzutun, ebensowenig glücklich wie Nobili, hatte er eine Reihe wirklicher und vermeintlicher Feststellungen gemacht, die er außer in Akademieschriften 1840 in einem „Essai“ und 1844 in einem ausführlichen „Traité des Phénomènes électrophysiologiques des animaux“ veröffentlicht hat. Es ist aus dem vorigen Abschnitte wohl ersichtlich gewesen, daß Matteuccis erste Veröffentlichungen, in die ihm Johannes Müller Einsicht gewährte mit der Anregung zur Nachprüfung und Weiterführung, zu einem Wetteifer und einer Polemik zwischen dem jungen Berliner Studierenden und dem damals bereits in hohen Würden stehenden und weltberühmten italienischen Physiker geführt haben, im Verlaufe deren der Erstgenannte außer einer gewissen Anerkennung allgemeiner Verdienste kaum ein gutes Haar an den Arbeiten des älteren ließ und mit einer Schärfe der Kritik, ja mitunter das Sachliche überschreitenden Ausfällen vorging und so den von Anfang an (siehe oben Galvani und Volta) in dieses Gebiet hereingetragenen heftigen Ton weitergeführt hat — wie wir sehen werden, zeitlebens und in einer Weise, die auch bis auf jüngere und jüngste Forscher unserer Tage abgefärbt hat. Es muß zugegeben werden, daß Matteucci und der von du Bois-Reymond in seiner historischen Einleitung ebenso heftig angegriffene Berner Physiologe Valentin für die experimentelle Sorgfalt und erforderliche Selbstkritik, die für das schwierige Gebiet damals wie heute unerläßlich sind, nicht das nötige Zeug besaßen, immerhin ist es Pflicht des objektiven Historikers, anzuerkennen, daß Matteucci gewisse grundlegende Beobachtungen als erster richtig gemacht und in einer heute wieder zeitgemäß gewordenen Art zu deuten versucht hat, während er andererseits vielfach wichtige Erscheinungen übersah oder falsch deutete und der Phantasie freien Lauf ließ in einer Weise, die des echten Naturforschers nicht würdig ist. Und hier gebührt Emil du Bois-Reymond eben das vorzugsweise Verdienst äußerster Exaktheit, größten Erfindungsreichtums, unverdrossenen, jahrelangen, emsigen Schaffens in stiller Kammer mit Hilfsmitteln, die er in einer technisch noch wenig vorgeschrittenen Zeit großenteils sich selbst schuf, zum Teil auch in Mitarbeit mit befreundeten Physikern und Kunsthandwerkern, unter denen besonders Helmholtz und der Mechaniker Sauerwald genannt seien.

Die Galvanometer oder „Multiplikatoren", die der Forscher mit besonders leichten Magnetnadelpaaren und besonders zahlreichen selbstgewickelten Windungen versah, um die zur Beobachtung besonders am Nerven notwendige, damals unerhörte Empfindlichkeit zu erreichen, waren, verglichen mit den heutigen Meßgeräten, unbeholfene Instrumente mit bedeutender Trägheit und langsamen Eigenschwingungen, von denen ein treues Mitgehen mit schnellen Veränderungen des elektrischen Zustandes von geringer Größenordnung unmöglich zu erwarten war. Dazu kam, daß die Beobachtung der winzigen elektrischen Kräfte der erregbaren lebenden Gebilde durch alle fremden Stromquellen behindert, gefälscht, ins Gegenteil verkehrt wird, welche erst sorgfältige Untersuchung und lange Erfahrung erkennen und allmählich vermeiden lehren mußte. Zwei Metallstücke als Drahtenden des Meßgerätes, mit denen man etwa unmittelbar die tierischen Teile in Berührung bringt, sind meistens nicht gleichartig und wirken zusammen mit der Feuchtigkeit als Stromquelle von meist viel größerer Kraft als die tierischen Teile selbst. Es bedurfte langer Auswahl geeigneter Platinplatten und der Zwischenschaltung geeigneter flüssiger Mittel (gesättigte Kochsalzlösung, Fließpapierbäusche mit Eiweißhäutchen), um auch nur eine einwandfreie, mit Sicherheit wiederholbare Beobachtung eines Stromes an tierischen Teilen zu gestatten.

Trotz dieser Schwierigkeiten gelang es du Bois-Reymond als ständige Äußerungen elektrischer Kräfte an den Muskeln und Nerven aller von ihm daraufhin geprüften Tierarten Ströme festzustellen, welche von der natürlichen Oberfläche oder dem sogenannten Längsschnitt durch den äußeren Schließungsbogen mit dem Meßgerät zu einem mit einem schneidenden Instrument angelegten künstlichen Querschnitt fließen. Dieser von ihm sogenannte ruhende Muskelstrom, bzw. ruhende Nervenstrom fand sich hinsichtlich der Größe der ihn erzeugenden elektromotorischen Kraft bei herausgeschnittenen zylindrischen Muskelstücken und Nervenabschnitten in durchaus regelmäßiger Weise abhängig von dem Orte der ableitenden Elektroden, das heißt ihrer Lage zu der geometrischen Achse und dem sogenannten Äquator dieser Gebilde. Da bei regelmäßigem Zerschneiden größerer Muskeln jedes kleine Bruchstück diese selben Gesetze elektrischer Spannungsverteilung aufwies, wurde der Forscher an das entsprechende Verhalten von Magnetstahlen erinnert, welche beim Zerbrechen in entsprechende kleinere Magnetstücke mit den ursprünglichen gleich gerichteten Polen zerfallen. Und wie daraus seinerzeit Ampère, der bekannte Physiker, die Zusammensetzung eines Magneten aus lauter gleichgerichteten Molekular-Magneten oder magnetischen Molekülen gefolgert hatte, so stellte du Bois-Reymond die sogenannte Molekular-Theorie der tierisch-elektrischen Ströme auf, indem er annahm, daß die Muskel- und Nervenfasern aus aneinandergereihten, sogenannten peripolar-elektrischen Molekülen aufgebaut seien, deren jedes einen dem elektropositiven Metall Zink entsprechenden Äquator und zwei dem elektronegativen Metall Kupfer entsprechende Pole aufweist. Versuche mit aus solchen Anordnungen hergestellten in Flüssigkeit getauchten Modellen und unter Mitwirkung von Helmholtz angestellte Berechnungen zeigten, daß in der Tat diese Vorstellung den natürlichen Spannungsverteilungen auch unter verwickelten Bedingungen (z. B. bei schrägen Querschnitten: stärkere sogenannte Neigungsströme) gerecht wird. Du Bois-Reymond hat an dieser Theorie der Reihe nach Veränderungen angebracht, veranlaßt durch weitere Beobachtungen elektrischer Erscheinungen von grundlegender Wichtigkeit an Muskeln und Nerven, von denen die wichtigste diejenige der von ihm sogenannten „negativen Schwankung" des ruhenden Muskel-, bzw. Nervenstromes bei der Tätigkeit ist. Es gelang ihm der sichere Nachweis, daß in beiden Fällen nicht nur bei künstlicher Reizung durch eine Reihe zugeleiteter elektrischer Schläge, sondern auch bei geeigneter mechanischer und chemischer Reizung des Nervenstammes, ja, auch bei der natürlichen, das heißt reflektorischen Erregung im Strychninkrampf, der zwischen Längs- und Querschnitt abgeleitete Strom eine Verminderung während der Dauer dieser Erregung erfährt, die du Bois-Reymond eben die negative Schwankung (nämlich des von ihm als Ausdruck innerer Spannung dauernd vorhanden — „präexistierend" — gedachten Muskel-, bzw. Nervenstromes) bezeichnete und für deren beweiskräftige Erklärung als Ausdruck wirklicher physiologischer Tätigkeit der erregbaren Gebilde unter Ausschließung aller Fehlerquellen er ein noch heutigen Tages unübertroffenes Maß von Sorgfalt und Scharfsinn angewendet hat. Am Nerven entdeckte du Bois-Reymond außerdem noch die Tatsache, daß bei Durchleitung eines konstant fließenden Stromes durch eine Strecke dieses Gebildes, die Spannungen außerhalb zu beiden Seiten dieser durchströmten Strecke in dem Sinne beeinflußt werden, als ob hier ein dem ersteren gleichgerichteter Strom fließt, welcher sich zu dem zwischen Längs- und Querschnitt abgeleiteten algebraisch summiert. Diese „elektrotonischen Ströme" erwiesen sich gewissermaßen als Ausdruck der später von Karl Eckhard und Eduard Pflüger untersuchten Erregbarkeitsänderungen des Nerven unter der Wirkung des elektrischen Stromes.

Um für die negative Schwankung und die elektrotonischen Ströme im Sinne seiner Molekular-Hypothese eine Erklärung zu geben, nahm nun du Bois-Reymond weiter an, daß die sogenannten peripolaren Molekeln aus zwei dipolaren Hälften bestehen sollten, jede an einem Ende elektropositiv, am anderen elektronegativ sein sollte: im Ruhezustand bilden sie, je zu zweien mit den negativen Polen einander zugekehrt, ein Doppelmolekül, wodurch die Spannungen zwischen Längs- und Querschnitt sich erklären, bei der Tätigkeit werden sie aus dieser Anordnung im Sinne seitlicher Drehung abgelenkt und erklären so die Verminderung oder „negative Schwankung" des Ruhestromes. Bei

Durchleitung eines Gleichstroms durch eine Nervenstrecke geraten sie in eine allen gemeinschaftliche gleichgerichtete „säulenförmige“ Anordnung (den Molekular-Magneten Ampères entsprechend), welche für die extrapolaren elektrotonischen Ströme verantwortlich ist.

Du Bois-Reymond gab sich viel Mühe, sein, wie er es nannte, „Gesetz des Muskel- und Nervenstromes“ auch für Oberfläche und „natürlichen Querschnitt“ bestätigt zu finden; eine bestimmte anatomische Anordnung mit überwiegender Verteilung natürlicher Querschnitte nach den Füßen zu sollte den Nobilischen Froschstrom erklären, mit dem sich Matteucci beschäftigt hatte und auf den ihn Johannes Müller hingewiesen hatte. Aber es wurde allmählich immer deutlicher, und besonders sein eigener Schüler, der später von ihm so heftig bekämpfte Ludimar Hermann, lieferte unwiderlegliche Beweise dafür, daß mit aller Sorgfalt präparierte Muskeln und Nerven, soweit kein Querschnitt und keinerlei Verletzung an ihnen angebracht wird, völlig stromlos sind, und daß für eine präexistente Spannung zwischen Oberfläche und natürlichem Querschnitt Beweise nicht beizubringen sind. Um sie zu retten, führte du Bois-Reymond weiterhin den Begriff der „Parelektronomie“ ein: Eine einfache Schicht dipolarer Moleküle mit nach außen gekehrten negativen Polen an den natürlichen Nervenenden und unter den Sehnen der Muskeln sollte die „Abweichung von dem von ihm aufgestellten Stromgesetz“ (para, elektron, nomos, griech.) erklären! Mit dieser Künstlichkeit war eigentlich die Vergänglichkeit dieser „Molekular-Theorie“, der ersten rein physikalischen Arbeitshypothese der bioelektrischen Erscheinungen, die ihr großer Pionier sich erdacht hatte, besiegelt. Und es ward ihm und seinem Nachruhm zum Verhängnis, daß er selbst sie nicht genügend als Arbeitshypothese zu behandeln sich entschloß, die anderen Vorstellungen mit besserer Einsicht der Tatsachen weichen muß, sondern sie mit dem Glauben des Doktrinärs und im höheren Lebensalter ins Verbissene sich steigernder Zähigkeit verteidigt hat, als die Mehrzahl der Forscher, mit seinem geistigen und technischen Rüstzeug arbeitend, längst von ihrer Unhaltbarkeit, zum mindesten in der von ihm gegebenen Form, die Welt überzeugt hatten.

Sein unsterbliches Verdienst bleibt der Nachweis der „negativen Schwankung" als unzweifelhafte, ja, bei dem seine Form nicht ändernden Nerven, einzig wahrnehmbare Tätigkeitsäußerung der erregbaren Gebilde. Auf sie führte er die von Matteucci beobachtete, ganz irreführend als „contraction induite" bezeichnete „sekundäre Zuckung" zurück, welche man zu sehen bekommt, wenn der Nerv eines stromprüfenden Froschschenkels über einen bloßgelegten Muskel gebrückt und dieser durch Reizung seines Nerven zum Zucken gebracht wird: Schon Anfang der Fünfzigerjahre zeigten Kölliker, damals noch Professor der Anatomie und Physiologie in Würzburg, und H. Müller, daß man solche sekundäre Zuckung sehr schön bei jedem Herzschlage beobachten kann, wenn man den Nerv eines genügend empfindlichen Froschschenkels auf ein bloßgelegtes Frosch- oder Säugetierherz auflegt. Also auch hier als Ausdruck der natürlichen Tätigkeit eine elektrische Zustandsänderung schnell vorübergehender Art, welche für den „sekundären Nerv" als Reiz wirkt! Daraus, daß das sekundäre Präparat ebenfalls in scheinbare Dauerzusammenziehung (Muskeltetanus) gerät, wenn der Nerv des primären Muskels durch eine Reihe von elektrischen Schlägen „tetanisiert" wird, hatte du Bois-Reymond den richtigen Schluß gezogen, daß die negative Schwankung bei der Dauererregung unterbrochener Art ist, d. h. aus einer Reihe von Verminderungsantrieben des Ruhestromes besteht, welche den molekularen Hin- und Herbewegungen entsprechen, die im Innern des Muskels vor sich gehen müssen, nach allem was die Untersuchungen von Hermann Helmholtz über die Summation der Zuckungen und das seit Swammerdam den Forschern und Ärzten bekannte Muskelgeräusch vermuten lassen mußte. Daß es sich bei allen diesen elektrischen Tätigkeitsäußerungen der Muskeln und Nerven um einen von dem zwischen Längsoberfläche und Querschnitt nachweisbaren elektrischen Zustandsunterschiede unabhängigen Vorgang handelt, hatten Moritz Schiff und Ludimar Hermann betont und dafür den Namen „Aktionsstrom" (Tätigkeitsstrom) vorgeschlagen. Den endgültigen Beweis hiefür lieferte ein methodischer Fortschritt, der, ursprünglich aus du Bois' eigenen Gedanken hervorgegangen, von seinem Schüler Julius Bernstein durchgeführt und in einer auch heute noch grundlegenden Reihe von Veröffentlichungen 1868 bis 1873 zur Gewinnung des Ergebnisses verwertet wurde, daß in der Nervenfaser vom Orte der Erregung aus die negative Schwankung sich als Ausdruck der „Reizwelle" mit der nämlichen Geschwindigkeit fortpflanzt, wie sie für die Nervenleitungsgeschwindigkeit mit Hilfe mehrerer Methoden in seinen klassischen Untersuchungen durch Helmholtz übereinstimmend festgestellt worden war. Bernstein konstatierte mit dem Hilfsmittel, das ihm diese Entdeckung ermöglicht hatte, dem sogenannten Differential-Rheotom, daß ein entsprechender Vorgang, nur mit geringerer Geschwindigkeit, auch am parallelfaserigen Muskel stattfindet und hier der nach seinen und Aebys Versuchen zu beobachtenden Zusammenziehungswelle zeitlich vorausläuft. Mit demselben Instrument hat dann

Hermann gezeigt, daß eine dem jeweilig erregten Punkte eigene elektrische Zustandsänderung, im Sinne des Negativ- oder richtiger Elektropositivwerdens, wie der Zinkpol zum Kupferpol in der hydroelektrischen Kette, unter allen Umständen auch an völlig unversehrten, daher stromlosen Muskeln und Nerven zu beobachten ist. Indem sie als Ursache der sogenannten Ruheströme die Verletzung durch den Querschnitt, bzw. jede Verletzung, durch Verätzen, Verbrennen, lokale Vergiftung usw., erkannten, und indem sie darauf hinwiesen, daß die Erregung vorübergehend im gleichen Sinne eine elektrische Zustandsänderung bewirkt wie die Verletzung, kamen L. Hermann und Ewald Hering, der damals in Prag wirkende Meister neuzeitlicher Sinnesphysiologie, zu der sogenannten Alterationstheorie der bioelektrischen Erscheinungen, welche annimmt, daß der in absterbenden und erregten Stellen der lebenden Substanz herrschende lebhaftere Stoffwechel die Grundlage der bioelektrischen Differenz bildet, also in letzter Linie ein chemischer Unterschied, womit sehr gut die Beobachtungen stimmten, daß auch an Drüsen und absondernde Zellen enthaltenden Schleimhäuten recht kräftige elektrische Ströme sich nachweisen lassen, die je nach dem Ruhe- oder Absonderungszustande des Organs verschieden gerichtet sein können.

Chemische Vorgänge als Grundlage elektrischer Lebenserscheinungen hatten, der alten allgemeinen Elektrochemie eines Berzelius entsprechend, schon die verschiedensten Forscher, von einem Volta selbst über Matteucci bis zum großen Liebig angesprochen und damit die unversöhnliche Gegnerschaft des in jener darin noch dualistischen Zeit rein physikalisch gerichteten du Bois-Reymond in dem Maße erregt, daß er soweit ging, in der Einleitung zu seinen Untersuchungen, und zwar dem Teile, der später mit der Überschrift „Über die Lebenskraft“ an die Spitze seiner gesammelten Reden gestellt worden ist, denselben Justus Liebig zu bezeichnen als „jene Geißel Gottes, welche in unseren Tagen über die Physiologen verhängt wurde“.

Die heutige Entwicklung der physikalischen Chemie als Physik wirklicher, nicht eingebildeter oder konstruierter Moleküle und Atome, und damit unzerstörbare Brücke zwischen Physik und Chemie, ist rastlos bestrebt, für das Zustandekommen der bioelektrischen Erscheinungen eine endgültige, sichergegründete, ihren letzten Erkenntnissen genügende Erklärung zu finden; noch trotzt die Natur diesem heißen Bemühen, sich eine restlose und grundlegende Einsicht in ein Teilgeheimnis der Lebensvorgänge abringen zu lassen, trotz allem seit den Spatenstichen von Van t’Hoff, Arrhenius, Ostwald und Nernst versuchten Neuschöpfungen, die an die Stelle der Molekular- und der Alterationstheorie treten sollten: Bernsteins modifizierte elektrochemische Molekulartheorie, später seine Membranhypothese, Höbers Kolloidvorgang und neuestens, fußend auf den Arbeiten von Haber, Klemensiewicz und Cremer, die Säureölkette R. Beutners. Soviel erscheint sicher, daß nämlich für alle Verletzungs- und Bestandströme ein Gegensatz zwischen äußerer und innerer Hüllen- oder Zellgrenzschicht wesentlich und damit ein Gedanke Matteuccis rehabilitiert ist, der den Muskelstrom auf den Gegensatz zwischen Oberfläche und Innensubstanz des Muskels zurückführen wollte.

Aus der weiteren Beschäftigung Matteuccis mit elektro-physiologischen Dingen in den Sechzigerjahren stammt dessen Beobachtung, daß ein mit feuchter Hülle versehener Metalldraht, dem durch eine mittlere Strecke ein Kettenstrom zugeleitet wird, außerhalb dieser Strecken gleichgerichtete extrapolare Ströme am Meßinstrument anzeigt, die den elektrotonischen Strömen des Nerven entsprechen. Diese Modellversuche wurden später von Hermann weiter fortgeführt. und theoretische Überlegungen und spätere Versuche mit kurzdauernden Stromstößen haben diese sogenannte „Kernleitertheorie" des Elektrotonus erweitert zu einer allgemeinen Vorstellung über die Grundlagen der Erregungsleitung in der Muskel- und der Nervenfaser, welche auch heute, wo die Kolloidchemie der lebenden Substanz und die Membrannatur der Zellgrenzschichten Objekte exakter physiko-chemischer Forschung geworden sind, nach Ansicht nicht weniger Physiologen grundlegende Bedeutung beibehält. Danach ist es die als Aktionsstrom lokal im Gewebe stattfindende Ionenverschiebung, welche, durch die Nachbarschaft sich ausgleichend, daselbst den Anstoß zu der als Erregung bezeichneten physikalisch-chemischen Veränderung — Stoffwechselsteigerung und eventuelle Formänderung bei der sich kontrahierenden Muskelfaser — gibt. Und wenn auch über das Wesen dieser Ionenverschiebung die Akten noch nicht geschlossen sind, so darf doch gesagt werden, daß Emil du Bois-Reymond und seiner geistigen Vorgänger Hoffnungstraum, die elektrische Natur des Nervenprinzips nachweisen zu können, wenn auch in wesentlich veränderter und eingeschränkter Gestalt, sich erfüllt hat.

Emil du Bois-Reymond hat später seine grundlegenden Versuche selbst noch mit vollkommeneren Meßgeräten als es die alten Multiplikatoren waren, wiederholen und in Vorlesungen einem größeren Zuhörerkreise vorführen können. Aber die älteren Spiegelgalvanometer leisteten nicht das, was von einem Instrument verlangt werden muß, das so wichtigen und flüchtigen Veränderungen des elektrischen Zustandes, wie an den erregbaren Gebilden, treu genug folgen soll, um durch die seit jenen Zeiten immer mehr vervollkommnete graphische Registrierung den zeitlichen Verlauf der Erscheinungen in Kurvengestalt festhalten zu können, wie es jetzt in einer Vollkommenheit und mit einer Bequemlichkeit möglich ist, die unser Forscher bei seinen Lebzeiten nie zu erträumen wagte. Immerhin gelang schon Ende der siebziger Jahre mit dem von Helmholtz' Schüler E. Lippmann in Paris erfundenen Kapillarelektrometer dem Meister der physiologischen Graphik J. E. Marey die Verzeichnung der Aktionsströme des bloßgelegten Frosch- und Schildkrötenherzens; und A. D. Waller in London, der 1881 fand, daß man mit diesem Instrument durch Ableitung von Händen und Füßen die elektrische Tätigkeitserscheinung des Herzens am unversehrten Tier und Menschen sichtbar machen kann, konnte diesen folgenreichen Grundversuch bei einem Besuche in Berlin Emil du Bois-Reymond seinerseits vorführen, auf den diese Demonstration der „negativen Schwankung", wie er sie natürlich noch nannte, des Herzens am lebenden Menschen bedeutenden Eindruck gemacht hat, um so mehr, als er selbst noch als Student im Anschluß an seine Versuche an Froschmuskeln und -nerven eine Beobachtung gemacht hatte, die er im Sinne einer Sichtbarmachung der negativen Schwankung des menschlichen Muskelstromes bei willkürlicher Innervation auffaßte und in diesem Sinne bis an sein Lebensende festgehalten und als Vorlesungsversuch vorgeführt hat. Es kann nun zwar heute als sicher gelten, daß es sich bei dem Ausschlag des Meßgeräts in diesem sogenannten du Bois-Reymondschen Willkürversuch zum größten Teil, bei der Trägheit der Magnetnadeln sogar ausschließlich um die Wirkung von Absonderungsströmen der Schweißdrüsen der Haut gehandelt hat. Wirkliche Aktionsströme der menschlichen Vorderarmmuskeln bei künstlicher Nervenreizung konnte in den achtziger Jahren Hermann vermittelst der Rheotom-Methode und des Spiegelgalvanometers nachweisen. Die Erfindung so vollkommener elektrischer Meß- und Registriergeräte, wie das Saitengalvanometer von Einthoven und der Rheograph von Siemens & Halske, ermöglicht es heutzutage, die elektrische Tätigkeitsäußerung des Herzens und der verschiedenen Skelettmuskeln am gesunden und kranken Menschen unter den verschiedensten Bedingungen mit größter Leichtigkeit graphisch festzuhalten. Die Unterschiede der auf diese Weise bei verschiedenen krankhaften Störungen des Herzens (Elektrokardiographie) sowie der Muskeln (Elektromyographie) und des sie versorgenden Nervensystems erhaltenen Kurven gegenüber dem Verhalten im gesunden Zustande haben für die klinische Diagnostik (Erkennung und Unterscheidung der verschiedenen Krankheitsformen) heute bereits eine so große Bedeutung erlangt, daß gesagt werden darf: Emil du Bois-Reymonds wissenschaftliches Lebenswerk hat weit über die rein biologische Forschung hinaus der praktischen Heilkunde dauernde, unschätzbare, so bedeutende Dienste erwiesen, wie er selbst es wohl niemals erwartet hat, da sein Interesse für Fragen der praktischen Medizin im allgemeinen (wie wir schon aus seinen Jugendbriefen wissen), nicht über denjenigen Kreis hinausging, der durch den amtlichen Charakter des Hochschullehrers als Mitglied der medizinischen Fakultät und des Lehrfaches selbst als vorbereitende und grundlegende Disziplin für den Unterricht zukünftiger Ärzte gegeben ist.

Bei seinen grundlegenden Versuchen über die elektrischen Tätigkeitserscheinungen der Muskeln und Nerven bediente sich du Bois-Reymond natürlich in erster

Linie der künstlichen Reizung durch den elektrischen Strom und beschäftigte sich in Verbindung damit experimentell und theoretisch mit den Gesetzen der elektrischen Reizung, wobei er die Bedeutung der Veränderung des dem lebenden Objekt mitgeteilten elektrischen Zustandes als Funktion der Zeit deutlich erkannte, mehr als es vor ihm geschehen war, betonte und schließlich ihr den mathematischen Ausdruck in Gestalt des nach ihm benannten sogenannten allgemeinen Erregungsgesetzes gab: Danach sollte die Stärke des Reizes geradezu der Steilheit der Schwankung (in der Sprache der höheren Mathematik ausgedrückt, ihrem Differentialquotienten nach der Zeit) proportional sein. Daß diese Formel, ja überhaupt die Auffassung, wonach nur die Schwankung und nicht das dauernde Fließen eines elektrischen Stromes erregend wirkt, zum mindesten nicht für alle Fälle zutreffen kann, ist sehr bald von Adolf Fick, später von Biedermann und anderen überzeugend nachgewiesen worden. Man hat sehr bald auf jede Art von Reiz schnell, sowie träge reagierende lebende Gebilde unterscheiden gelernt, und die neuen Forschungen auf Grund der heutigen physikalischen Chemie, welche die elektrische Reizung durch Konzentrationsänderungen und ihre Folgen erklären, haben ihrerseits zur Aufstellung von Erregungsgesetzen und Formeln geführt, deren erste, 1899 von Nernst angegebene auch nur eine erste Annäherung bedeuten konnte, der heute, genau ebenso wie einst derjenigen Emil du Bois-Reymonds ein historischer und nicht zu leugnender heuristischer Wert geblieben ist.

Zur Erzeugung steiler Stromschwankungen, welche für die schnell reagierenden Muskeln und Nerven jedenfalls das beste Mittel künstlicher Reizung darstellen, bediente sich du Bois statt der Zahnräder, welche einen Gleichstrom häufig unterbrechen, sehr bald der Induktionsvorrichtung, und darunter wieder an Stelle der jahrzehntelang auch für ärztliche Zwecke beliebt gewesenen magnet-elektrischen Maschinen (Pixii-Saxton-Stöhrer) der Induktionsrollen mit Federunterbrecher im primären Kreise. Um eine besonders feine Abstufung der Induktionswirkung und damit der Reizstärke zu erreichen, kam Emil du Bois-Reymond auf den Gedanken, die sekundäre Drahtrolle über der primären verschiebbar anzuordnen, was er vermittelst ihrer Anbringung auf einem hölzernen Schlitten erreichte, der, zwischen zwei langen Schienen auf einem hölzernen Brette verschiebbar, außerdem gestattete, die Rollen beliebig weit von einander zu entfernen oder einander zu nähern. Indem der als Unterbrecher in den primären Kreis geschaltete Neeffsche oder Wagnersche Hammer, welcher durch elektromagnetische Anziehung in der bekannten Art wie jede gewöhnliche elektrische Klingel den Strom immer abwechselnd öffnet und schließt, späterhin durch Helmholtz mit der nach ihm benannten Nebenschlußvorrichtung zum Ausgleich des Verlaufes der Schließungs- und Öffnungs-Induktionsschläge versehen wurde, entstand in dem klassischen du Bois-Reymondschen Schlitten-Induktorium der Physiologen ein Reizapparat von für damalige Zeiten hoher technischer Vollkommenheit, der besonders durch die Bemühungen des Mechanikers Hirschmann, durch den berühmten Nervenarzt und Begründer der neuzeitlichen Elektrotherapie Robert Remak in Berlin, den Meister der französischen Elektrodiagnostik G. B. Duchenne aus Boulogne-sur-Mer auch in die gesamte ärztliche Welt als unentbehrlich Eingang fand. Nachdem die Schwierigkeit, die durch diesen Apparat erteilten Reize sicher zu eichen, ja die Unmöglichkeit, den Anforderungen des mit dem Erstehen der heutigen Elektrotechnik unzertrennlich verknüpften absoluten Maßsystems entsprechende, derartige Schlitten-Induktorien zu bauen, sich herausgestellt hat, fragt sich freilich heute mancher Physiker und Elektrobiologe, ob nicht du Bois durch exakten Ausbau magnet-elektrischer Reizapparate dem Fortschritte der Physiologie und der Heilkunde besser gedient hätte, doch war unzweifelhaft damals die dazu nötige Grundlage noch nicht vorhanden, und auch heute erweist es sich immer mehr, daß auch dieser Weg, ebensowenig wie die Anwendung von Kondensatoren, für die sich hervorragende Forscher in den letzten zwanzig Jahren eingesetzt haben, hier uns dem idealen Ziele nähern wird, nur einfach im absoluten Maßsystem ausdrückbare elektrische Reize beliebiger Stärke und Dauer zu verwenden. Meiner Ansicht nach ist vielmehr mit der Rückkehr zu den zu allererst von du Bois verwendeten rotierenden Gleichstrom-Unterbrechern zu rechnen, sobald die Technik gelernt haben wird, sie entsprechend zu vervollkommnen.

Auch hinsichtlich eines anderen Rüstzeuges der Elektrophysiologie, das vielfach mit du Bois-Reymonds Namen in Verbindung steht, scheint sich allerneuestens eine ähnliche Rückkehr zum Ursprünglichen zu vollziehen. Wir haben schon gehört, welche unendliche Mühe unserem Forscher die Ungleichartigkeit der zur Ableitung von den tierischen Geweben zum Galvanometer dienenden Metallplatten und die von den bioelektrischen Strömen selbst erzeugten polarisatorischen Gegenwirkungen bereitet haben, und es war für ihn wie für alle seine Jünger auf diesem Gebiete eine ungeheure Erleichterung, als die Ableitung mit Hilfe sogenannter unpolarisierbarer Kombinationen vorgenommen werden konnte, von denen die aus verquicktem Zink und Zinksulfatlösung bestehende 1856 von Regnault angegeben worden war und alsbald von unserem Forscher zur Herstellung „unpolarisierbarer Elektroden“

benutzt wurde. Die verschiedenen Formen derselben, auch in Gestalt anderer Metall- und Lösungskombinationen, haben in der Physik und besonders in der Elektrophysiologie eine große Rolle gespielt und sind noch heute für viele Zwecke völlig unentbehrlich. Indessen stellt sich immer mehr heraus, daß sie für Reizzwecke vielfach ohne jede Fehlerquelle, ja selbst zur Ableitung bioelektrischer Ströme zu den heutigen so sehr empfindlichen Meßgeräten, durch einfache Metalldrähte oder -Platten ersetzt werden können, wenn man in geeigneter Weise einen Kondensator einschaltet.

Wenngleich damals das absolute Maßsystem noch nicht existierte, sondern die Kraft eines Daniellschen Elementes als Maß der Spannung, die Siemens-Einheit als Maß des Leitungswiderstandes diente, so hat doch Emil du Bois-Reymond auf genaue Messung der elektromotorischen Kraft der von ihm erforschten Ströme großen Wert gelegt und zu diesem Zwecke die einschlägige von Poggendorff erfundene Methode in eine Form gebracht, die noch heute mit seinem Namen verbunden, benutzt und in jedem Lehrbuch zu finden ist. Dem für diese „Kompensationsmethode" benutzten Meßdraht mit Schleifkontakt gab er die Form des sogenannten runden Kompensators, der das Urbild aller walzenförmigen Gefälldrähte für elektrische Messungen darstellt.

Die Untersuchung der nach der Durchströmung tierischer Gebilde an ihnen auftretenden Erscheinungen, die er mit dem ihm eigenen Ausdrucke als „sekundär elektromotorisch" bezeichnete, besonders daraufhin, wieweit sie an das Erhaltensein der Lebensäußerungen geknüpft seien und seiner Molekularhypothese zur Stütze dienen konnten — ein Gebiet, das ihn besonders infolge fortgesetzter Polemik mit Hermann und Hering bis in sein späteres Lebensalter beschäftigt hat —, gab ihm Gelegenheit, grundlegende physikalische Fragen, wie die nach dem Verhalten poröser Stoffe bei elektrischer Durchströmung, des sogenannten elektrischen Transportes (Kataphorese), zu durchforschen. Durch alle diese Leistungen, die hier, für nicht fachmännische Leser vielleicht schon zu ausführlich und schwer verständlich und doch nur kurz berührt werden konnten, hat Emil du Bois-Reymond einen bleibenden Namen auch auf rein physikalischem Gebiete sich erworben. Daß dabei gute mathematische Schulung und Neigung, in der er sich mit seinem Bruder Paul, dem zu früh verstorbenen Mathematiker in Tübingen und Berlin, begegnete, ihm vortrefflich zustatten kamen, ist allerorts aus seinen Werken ersichtlich; seine weiteren Beziehungen zu den exakten Naturwissenschaften und zur Philosophie, d. h. die von ihm man kann sagen mitbegründete naturwissenschaftliche Weltanschauung, werden uns in einem späteren Abschnitte noch ganz besonders beschäftigen.

III.

LEHRTÄTIGKEIT

ALS du Bois-Reymond im Jahre 1858 das von der Anatomie nunmehr abgetrennte Ordinariat der Physiologie übernahm, waren es bereits fünf Jahre, daß er sich mit Jeannette Claude verheiratet hatte, die gleichfalls der Berliner französischen Kolonie angehörte und wie er mütterlicherseits den berühmten Graphiker Daniel Chodowiecki zum Urahnen hatte. In Berlin geboren, hatte sie als Kaufmannstochter einen großen Teil ihrer Jugend in Valparaiso in Chile verlebt, später in England; so gesellte sich durch sie zu den französischen Überlieferungen seines Hauses eine internationale, vorwiegend englische Note. Der

Ehe entsprangen vier Söhne und sechs Töchter, von denen eine früh starb. Der große, geistig angeregte und sehr harmonische Kreis dieser Familie, von deren Mitgliedern am Schluß noch einiges zu sagen sein wird, bildete den Mittelpunkt einer edlen Geselligkeit, die sich im Winter in den Räumen der Berliner Stadtwohnung, im Sommer auf der im Jahre 1860 erworbenen ländlichen Besitzung am Kapellenberg in Potsdam zusammenfand. Diese letztere gestaltete du Bois-Reymond mit besonderer Liebe zu einem Paradies für seine Kinder und verlebte dortselbst gern jeden freien Tag im Semester und die Ferien, soweit sie nicht zu Reisen nach außerhalb ausgenutzt wurden.

Außer auf den Ausbau seines elektrophysiologischen Lebenswerkes und die gleich zu besprechenden Pflichten seiner Stellung in der Preußischen Akademie der Wissenschaften vereinigte du Bois-Reymond seine Arbeitskräfte hauptsächlich auf den Unterricht, sowohl der Studentengenerationen durch Haupt- und Nebenvorlesungen und Demonstrationen als auch weiterstrebender Jünger der Physiologie durch unmittelbare Anleitung und wissenschaftliche Anregung. In dieser Beziehung gehören seine bedeutendsten Schüler, durch seinen Einfluß und die Gunst liberaler Perioden in Deutschlands innerer Politik trotz ihrer Zugehörigkeit zum Judentum nachmals ordentliche Universitätslehrer der Physiologie, — Isidor Rosenthal (Erlangen), Julius Bernstein (Halle a. d. Saale) und der später von ihm so bekämpfte Ludimar Hermann (Zürich und Königsberg in Preußen) — sämtlich noch jener Zeit an, wo das Physiologische Institut der Universität Berlin nur aus wenigen Laboratoriumsräumen und einem dunklen Gange im Hauptgebäude der Hochschule bestand. Nach langjährigen Bemühungen dankte er es seiner Berühmtheit als Lehrer und seinem Einfluß als Akademiker, daß auch ihm zuteil wurde, worin die Sächsische Unterrichtsverwaltung auf Betreiben des ihm befreundeten und von ihm gleich Brücke hochgeschätzten Leipziger Fachgenossen Karl Ludwig schon mehrere Jahre vor der Gründung des Reiches vorangegangen war: ein Physiologisches Institut in einem besonderen, eigens für diese Zwecke geplanten und eingerichteten Gebäude, ausgestattet mit allen nur erdenklichen Hilfsmitteln für den Unterricht und die Forschung in der Physiologie in jener Zeit, in welcher man allerdings noch nicht daran dachte, es jedem Studierenden zur Pflicht zu machen, gleichwie an der Zergliederung der Leichen seine anatomischen Kenntnisse, so in Tier- und chemisch-analytischen Versuchen sein physiologisches Wissen selbsttätig zu erwerben und praktisch zu gestalten. Dafür war das neue Institut an der Dorotheenstraße, mit dem für Helmholtz erbauten physikalischen, dem metallchemischen und pharmakologischen in einem großen Gebäudekomplex vereinigt, und im November 1877 feierlich eröffnet, mit dem bis dahin unerhörten Luxus mehrerer selbständiger, den Forschungs- und Unterrichtszwecken auf speziellen Gebieten dienenden Abteilungen ausgestattet, deren erste Vorstände Männer waren, die sämtlich in der Folge durch bedeutende Fachleistungen die klassische Periode der Physiologie mit haben ausbauen helfen. Die physikalische Abteilung leitete der zu früh verstorbene Christiani, dessen Nachfolger dann Arthur König, ein hervorragender Schüler von Helmholtz, wurde, der leider du Bois-Reymond auch nicht lange überlebte; als Leiter der physiologisch-chemischen Abteilung war Baumann gewonnen, der später in Freiburg durch die Entdeckung des Jodes als regelmäßigen Bestandteiles der Schilddrüse weltberühmt wurde und an dessen Stelle Albrecht Kossel, einer der Pioniere der Eiweißchemie, jetzt Ordinarius der Physiologie in Heidelberg, und dann H. Thierfelder, jetzt in Tübingen, noch zu du Bois' Zeiten tätig war. Eine mikroskopisch-biologische Abteilung leitete Gustav Fritsch; die „speziell physiologische Abteilung", der die Versuche an größeren Tieren zugehörten, bekam als ersten Leiter Hugo Kronecker, vorher in Leipzig und später als Ordinarius in Bern, ein Forscher von Weltruf. Seine Nachfolger waren zuerst durch lange Jahre mein, hochbetagt im Ruhestande noch lebender Lehrer Johannes Gad, später Ordinarius in Prag, und dann Paul Schultz. Beide hatten zuvor die Stellung des besonderen Vorlesungsassistenten bei du Bois-Reymond innegehabt (Gad mit einer Unterbrechung als Assistent von Adolf Fick in Würzburg) und waren hierin die Nachfolger zwei ganz jung verstorbener hoffnungsvoller Schüler du Bois-Reymonds, nämlich Karl Boll, des Entdeckers des Sehpurpurs in der Netzhaut des Auges, dem dieser Fund einen Ruf nach Rom eintrug, und Karl Sachs, von dessen Arbeiten über die elektrischen Fische an anderer Stelle die Rede ist und der einem Unfall in den Alpen zum Opfer fiel. Natürlich war das Institut für die damalige Zeit technisch sehr vollkommen ausgestattet, und wenn auch die bei Ludwig zum Betriebe von Respirationsapparat, Zentrifuge und Kymographion dienende Dampfmaschine durch einen bescheidenen Gasmotor und noch winzigeren Heißluftmotor ersetzt war, so erhielt das Institut doch seine eigene mechanische Werkstätte, die freilich eng genug war im Vergleich zu mancher sonstigen Raumverschwendung, ebenso wie auch der schon von du Bois-Reymond selbst in seiner Eröffnungsrede beklagte Mangel ausgedehnter Gartenanlagen (ein Erbteil des unglückseligen Hochbausystems der deutschen Reichshauptstadt, das schachtartige Höfe und mit Menschen vollgepferchte Hinterhäuser dort hinsetzt, wo einst Gärten waren, und den Fremden durch protzige Häuserfronten breiter Straßenzüge zu täuschen sucht), es verschuldete, daß die für die physiologische Forschung so wesentlichen Tierställe in ungenügender Weise im Keller untergebracht wurden. Im ganzen aber darf gesagt werden, daß das Institut in den 20 Jahren bis zum Tode seines Begründers nicht nur dank seiner und seiner Abteilungsvorsteher Anziehungskraft auf junge Forscher aller Länder eine große Reihe wissenschaftlicher Arbeiten hervorgebracht hat: sie erschienen größtenteils in dem „Archiv für Anatomie und Physiologie", das nach Johannes Müllers Tode seine beiden Nachfolger Karl Reichert und Emil du Bois-Reymond weiterführten, nach Reicherts Tode dessen Nachfolger Wilhelm Waldeyer die anatomische Abteilung, die physiologische Emil du Bois-Reymond — die getrennten Veröffentlichungen beider Abteilungen begannen 1877; in der physiologischen Abteilung des „Archivs für Anatomie und Physiologie" wurden seitdem auch die früher selbständig gesammelten Arbeiten aus Karl Ludwigs Leipziger Institut, einer gleichfalls wahrhaft internationalen Forschungsstätte, veröffentlicht. Aber auch der Unterricht der Studierenden war zunächst derart, daß, wer ihm fleißig folgte und einige Anlage für naturwissenschaftliches Verständnis besaß, nicht nur alle für den Arzt jener Zeit erforderlichen theoretischen Kenntnisse erwerben, sondern auch für biologisches Denken, Forschen und auf ihr beruhendes ärztliches Handeln sich aufrichtig begeistern konnte. Dazu trug nicht wenig Emil du Bois-Reymonds glänzender Vortrag bei, in dem die französische rhetorische Ader unverkennbar war.

Dieser Vorliebe für einen gepflegten, schwungvollen und gleichzeitig sorgfältigen Ausdruck im gesprochenen und geschriebenen Worte und seiner Überzeugung, daß darin im allgemeinen der Deutsche dem Franzosen nachsteht, hat du Bois-Reymond Ausdruck verliehen in seiner Akademie-Rede von 1874, in welcher er die Bildung einer Kaiserlichen Akademie der deutschen Sprache vorschlug, die der Académie Française vergleichbar, das schlecht gehütete Gut besser verwalten sollte. Zur Begründung macht er unter anderem folgende Ausführungen über die französische Sprache, welche nach den Ereignissen der letzten Jahre wieder als in mancher Richtung zeitgemäß gelten können:

„Die französische Sprache ist bekanntlich in Rechtschreibung und Wortfügung bis zu geringen Einzelheiten, in prosaischer und poetischer Ausdrucksweise bis zu zarten Schattierungen geregelt. Seit zweihundert Jahren stehen die sprachlichen Schranken fest, innerhalb deren Geist, Gefühl, Phantasie, Witz, Beredsamkeit wie Alltagsrede sich zu bewegen haben. Wohl rückt im Laufe der Zeit das schöpferische Talent diese Schranken hinaus, der Idee nach überspringt es sie niemals. Derselbe Gedanke läßt sich im Französischen tadellos und treffend meist nur auf eine Art sagen. Der minder Eingeweihte erhält sogar den Eindruck, als schrieben alle Franzosen einen Stil. Wie bei der Kristallbildung die Verunreinigungen der Mutterlauge ausgeschlossen werden, so schießt im französischen Satzbau der Gedanke zu farbloser Reinheit und Durchsichtigkeit aus dem Chaos der Vorstellungen auf. Freilich mag dabei geschehen, daß das nur dunkel Geahnte und deshalb Zurückbleibende gerade das Tiefste und Beste war. So hat man von der Mutterlauge gesagt, daß in ihr die zukünftige Chemie stecke.

Die Ängstlichkeit, mit welcher der französische Schriftsteller jede Silbe wägt und jeden entbehrlichen Buchstaben streicht, wird durch Mérimées Bedenken versinnlicht, ob nicht das Wort „Fin“ am Ende seines Werkes unnütze Längen enthalte? Nicht die kleinste Sorge des Schriftstellers ist die um den rein physiologischen Wohllaut, der doch so sehr viel mehr von Organ und Vortrag abhängt, als von dem Sprachbau an sich. Der Theorie zuliebe, wonach in einer Sprache von idealem Wohllaut jede Silbe höchstens einen Konsonanten enthalten sollte, schrieb Voltaires literarischer Jünger sich Féderic. Der französische Dichter fügt sich, unwillig vielleicht, aber folgsam, einem Kanon geschichtlich gewordener, jetzt zum Teil sinnloser Regeln, wie der, daß gleichlautende Silben nicht miteinander reimen, wenn deren eine auf ein doch nicht ausgesprochenes s ausläuft. Im Drama beugt er sich der lähmenden Tyrannei der drei Aristotelischen Einheiten. Er bebt vor Hiaten und anderen Rauhigkeiten, der Prosaiker noch dazu vor sich einschleichenden Alexandrinern. Beide wissen, daß eine Schar hyperkritischer Wächter ihnen auf die Finger sieht, der auch die geringste Nachlässigkeit nicht entgehen wird. Von der literarischen Feinschmeckerei, zu der in Frankreich die Kritik gedieh, hat man in Deutschland keinen Begriff. Ihr Lob und ihr Tadel sind uns oft gleich unverständlich. Die kleine Härte oder Trübe des Stils, die einem Sainte-Beuve schon unerträglich deucht, empfinden wir oft so wenig, wie wir seine Bewunderung für ein immerhin glückliches Bild oder einen hervorbrechenden Naturlaut teilen können, dergleichen wir meinen, tausendmal in Deutschland vernommen zu haben, nur freilich ohne die im Französischen ihnen zur Folie dienende vollkommene Korrektheit.

Aber der französische Schriftsteller erntet auch den Lohn seiner Mühen. Die begeisterte Anerkennung, die dessen wartet, der mit Kraft, Anmut und Feinheit das durch vieler Geschlechter Arbeit polierte Werkzeug der Sprache zu gebrauchen weiß, ist nur der Huldigung zu vergleichen, die einst dem Olympioniken entgegenkam. Eine gelungene Seite, ein treffendes Wort wurden nicht selten der Ausgangspunkt einer bedeutenden Laufbahn. Ein den nationalen Geschmack zufriedenstellendes Buch ist ein Ereignis, des Verfassers Name lebt in aller Munde gleich dem eines glücklichen Feldherrn.

Unstreitig ist zu beklagen, daß die Franzosen, in zu engen ästhetischen Begriffen befangen, ihre Volkssprache und Volkspoesie verstießen. Das unakademische Chanson läßt ahnen, welche Schätze so verloren gingen. Aus den hier noch zu pflückenden duftigen Zweigen wand sich George Sand den schönsten Dichterkranz. Aber war es die Akademie, die den Franzosen die literarische Gefühlsweise einflößte? War es nicht vielmehr die Gefühlsweise der gebildeten Franzosen, die in der Akademie ihren Ausdruck fand? Macht nicht aus der Bevorzugung des Volksliedes vor akademischer Dichtung Molière einen Zug seines misanthropischen Sonderlings, wobei er eine verstohlene ketzerische Neigung für jenes verrät? Und hätte wohl Le Nôtre die Buchs- und Eibenbäume wie Lakaien aufgereiht und sie zu Pyramiden verschnitten, wäre nicht dies der Begriff eines Gartens an Ludwigs XIV. Hof gewesen? Als aber einmal die Akademie da war, beugte sich ihr freilich der abwechselnd unbändige und unterwürfige Sinn der Franzosen. Wie in der Politik trugen sie in der Literatur halb murrend, halb spottend, das selbstauferlegte Joch.

...Die Unbeliebtheit der Académie française im eigenen Lande raubt mir deshalb nicht den Mut, meinen Gedanken auszusprechen. Ich träume eine Kaiserliche Akademie der deutschen Sprache."

Man hat vielfach, besonders in den späteren Jahren seines Wirkens, die Neigung du Bois-Reymonds zur Rhetorik, die Gepflegtheit und den Schwung seines Vortrages, den Reichtum an Vergleichen und schmückenden Wendungen übertrieben und undeutsch gefunden; gerade von seiten völkisch denkender, national erzogener Studierender, wie auch Jüngern exakter Forschung, die nach knapper und klarer Ausdrucksweise streben, ist ihm Schwulst, Bombast vorgeworfen worden und diese formale Seite seiner Lehrweise nicht sehr folgerichtig mit der materialistischen Weltanschauung in Zusammenhang gebracht worden, als deren Träger und Verkünder er angefeindet worden ist, beides mit Unrecht oder zum mindesten in übertriebener, irrtümlicher Auffassung seiner eigentlichen Geistesrichtung, mit der wir uns ebenso wie mit seinem Stil noch bei Besprechung seines Wirkens als öffentlicher Redner zu beschäftigen haben werden.

Emil du Bois-Reymond hat sicher in seinem Unterricht dafür gesorgt, daß die Anschauung bei den Studierenden nicht zu kurz kam. Auf dem langen Experimentiertisch waren die Apparaturen der „Allgemeinen Muskel- und Nerven-Physik" übersichtlich aufgebaut; die roten Fähnchen des von ihm konstruierten „Zuckungstelegraphen" sorgten dafür, daß die Grundgesetze der elektrischen Erregung, von denen kurz die Rede war, nach seinen und Pflügers grundlegenden Arbeiten, den Zuhörern weithin sichtbar gemacht wurden. Für das Gelingen dieser Versuche wie der chemischen Farbenreaktionen bei der Besprechung der Bausteine des lebenden Organismus und der wichtigsten Stoffwechselvorgänge sorgte die Mitarbeit seines langjährigen, manchen älteren Ärzten aus ihrer Studienzeit sicher noch erinnerlichen Laboratoriumdieners Gustav Asch. Die von dem Zeichner

Dworzaczeck hergestellten Tafeln bilden noch heute den wertvollen Grundstock des von seinen Nachfolgern vermehrten Bildermaterials, welches dem Lehrer manche Mühe und Zeit des Zeichnens mit Kreide an der Wandtafel erspart und in jenen Zeiten noch wichtiger war als heute, wo die Projektionseinrichtungen und das dazugehörige Bildermaterial um so viel vollkommener geworden sind.

In einer besonderen an den Hörsaal anstoßenden und mit dem Vivisektorium verbundenen Demonstrationsgalerie wurden schwierigere Versuche, besonders an größeren Tieren, vorgeführt, Mikroskope aufgestellt usw., wobei die Leiter der einzelnen Abteilungen, je nach deren Richtung, von Fall zu Fall mittätig herangezogen wurden.

Man hat, und vielleicht mit einem gewissen Rechte, der physiologischen Hauptvorlesung du Bois-Reymonds mit ihren immer wieder vorgeführten Grundversuchen des Forschers und nachdrücklich betonten Hauptergebnissen der Pioniere der klassischen Periode der Physiologie, vor allem Helmholtz, Brücke, Karl Ludwig und Claude Bernard, mit ihrem Jahre hindurch unveränderten Wandbilder-System, vor allem mit wörtlicher Wiederholung bestimmter Redewendungen, Anekdoten und Witze, den Vorwurf der Erstarrung, der Kristallisation, gemacht, derart, daß es hieß, du Bois-Reymond habe im Jahre 1890 immer noch die Physiologie von 1868 vorgetragen. Sicher war das gewaltig übertrieben, aber darum war er doch im Unterricht nicht von einem gewissen Konservatismus etwas übertriebener Art freizusprechen, der durchaus dem bedächtigen, zögernden Charakter seines Studienganges und der vorsichtig-kritischen Methodik seiner forscherischen Lebensarbeit entsprach; besonders in höherem Alter war er nur zu geneigt, Einzelergebnisse abzulehnen und im Unterricht ganz zu verschweigen, die über die klassischen Daten seiner großen Zeit hinausgingen, und neue, wenn auch nicht umstürzende Anschauungen hineintrugen. Daß er sich um grundsätzlich wichtige neue Entdeckungen, besonders im Gebiet der exakten Wissenschaften, kümmerte, bis in sein hohes Alter von ihnen Kenntnis nahm und vielfach ihre zukünftige Bedeutung für die Weitergestaltung der Lebenswissenschaften und der Heilkunde recht wohl ahnte und einzuschätzen wußte, davon gibt seine später im Zusammenhang zu besprechende Leistung als Akademieredner genügendes Zeugnis.

Emil du Bois-Reymond hat den Inhalt seiner physiologischen Hauptvorlesung nicht in Gestalt eines zusammenhängenden Lehrbuches veröffentlicht, aber in Form sorgfältig nachgeschriebener Kolleghefte kursierte er in so manchen Exemplaren bei den Studierenden und wurde insbesondere zur Vorbereitung auf die Prüfungen benutzt, da man wußte, daß du Bois als Examinator auf zusammenhängenden Vortrag über die bestimmten, durchs Los gezogenen Themata sehr großen Wert legte. Und so hat mancher an sich minder Veranlagte bei ihm ein gutes Examen dadurch abgelegt, daß er die Niederschrift des von ihm Vorgetragenen wörtlich auswendig gelernt hat, — vielfach mitsamt den schmückenden Redewendungen und eingestreuten Witzen oder Mätzchen, zumal diese ja alljährlich von ihm wiederholt und von den Studierenden mit Beifall begrüßt, auch im geselligen Verkehr besonders mit den Kommilitonen anderer Hochschulen gern wieder erzählt wurden. Da ereigneten sich auch manchmal komische Zwischenfälle, die ihrerseits zur studentischen Tradition wurden, wie etwa der folgende: Bei der Besprechung der Sinnesorgane als Wächter im Daseinskampfe und der Bedeutung abschreckender Formen und Farben, insbesondere unangenehmer Gerüche im Tierleben, brachte du Bois das stereotype Beispiel: „Frech kreuzt in Südamerikas Wildnis das Stinktier die Fährte des Jaguars.“ In einem zur Examensvorbereitung besonders zurechtgemachten Heft hatte der Schreiber desselben die Witze kenntlich machen wollen, welche der Prüfling wiederholen sollte, um dadurch den günstigen Eindruck hervorragender Aufmerksamkeit in der Vorlesung bei dem Examinator zu erwecken. Und so hatte er an dieser Stelle den Satz vermerkt, als wiederzugeben, wenn der Examinator bei guter Laune sei. Indem nun aber ein übereifriger Prüfling diese in Klammern beigefügte Notiz in der Eile rein mechanisch mit auswendig gelernt hatte, wiederholte er in der Prüfung vor du Bois-Reymond folgendermaßen: „Frech kreuzt das Stinktier die Fährte des Jaguars, wenn er gut gelaunt ist.“ Worauf du Bois-Reymond, auf den dies gerade wirklich zutraf, mit der ihm eigenen Schlagfertigkeit, fragend bemerkte: „Wen meinen Sie damit, Herr Kandidat, das Stinktier oder den Jaguar, oder gar etwa mich selbst?“ Bei weniger guter Laune konnten ihn übrigens mangelhafte Examensleistungen elegisch stimmen, und so erinnere ich mich, daß nach der Frage der verschiedenen im menschlichen Harn sich bildenden Niederschläge, als die Kenntnisse eines Examinanden sich mangelhaft zeigten, er aber schließlich die bei Blasenkatarrhen durch die amoniakalische Harnstoffgärung sich oft bildenden sargdeckelförmigen Kristalle von phosphorsaurer Amoniak-Magnesia stockend erwähnte, du Bois-Reymond in die Worte ausbrach: „Ja, die Sargdeckelkristalle, die wenigstens merken sich die Herren fast immer; wahrscheinlich denken sie dabei an den Sarg, in den sie später ihre Patienten legen wollen.“ Sehr zahlreich sind die Redewendungen und schmückenden Beiworte, von denen entschieden gesagt werden muß, daß sie dazu beitrugen, Einzelheiten dauernd fest dem Gedächtnis einzuprägen. Es sei nur bei der Besprechung der Absonderung der freien Salzsäure als einer starken Mineralsäure im Magensafte an den Hinweis erinnert, daß als weiteres Beispiel derart die Absonderung freier Schwefelsäure im Speichelsekret der Meeresschnecke, dolium galea, bekannt sei, „von dem die Marmorpaläste Venedigs erbrausen".

IV.

EMIL DU BOIS-REYMOND ALS REDNER UND SCHRIFTSTELLER

BESONDERS kunstvoll war die Form von Emil du Bois-Reymonds akademischem Vortrag — abgesehen von seinen später zu besprechenden Gelegenheitsreden — in den öffentlichen Vorlesungen für Hörer aller Fakultäten, die er in unermüdlicher Wiederkehr zu halten pflegte: in den Wintersemestern, in dem größten Hörsaal der Universität abwechselnd unter der Bezeichnung: „physische Anthropologie" und „einige Ergebnisse der neueren Naturforschung". Diesen beiden waren wesentliche, vielleicht die meisten Abschnitte gemeinsam. In jedem Sommersemester vom Jahre 1856 bis einschließlich 1896, also wenige Monate vor seinem Tode, mit Ausnahme der Jahre 1859, 1872 und 1873, hielt er, und zwar der damit verbundenen Versuche wegen im Institutshörsaal, seit dessen Errichtung, die öffentliche Vorlesung, die anfänglich angekündigt war unter dem Titel „Über Diffusion", vom Jahre 1874 an als „Physik des organischen Stoffwechsels", auffälligerweise wörtlich derselbe Titel, unter dem Karl Vierordt 1847 bis 1848 in Roser & Wunderlichs Archiv für physiologische Heilkunde eine Reihe von Arbeiten veröffentlicht hat, wie du Bois-Reymonds Sohn René bemerkt, der diese vom Vater ursprünglich zur Veröffentlichung beabsichtigten, aber nie druckfertig gemachten Vorlesungen, nach Nachschreibeheften verschiedener hervorragender Schüler, sowie den Notizen des Vaters selbst, Ende 1899 im Druck herausgegeben hat. Ihr Inhalt überrascht noch heute denjenigen, der Sinn dafür hat, wieviel grundlegende Fortschritte die exakte Naturwissenschaft den Bemühungen experimentierender und denkender, rechnerisch und konstruktiv begabter Biologen zu verdanken hat. Freilich, von der heutigen Theorie der Lösungen, der elektrolytischen Dissoziation und der Wanderung der Ionen, vom osmotischen Druck und der Bedeutung der Oberflächenkräfte fand sich in den Notizen nur wenig, nämlich eine Disposition zu den Vorlesungen in den Jahren 1893 bis 1895, und eine „schon mit zitternder Hand eingetragene Zitierung der ersten Auflage von Walter Nernsts theoretischer Chemie von 1893 zu den Anschauungen von van't Hoff". Aber das Buch leitet unmerklich von den grundlegenden, vielfach mit Unrecht vergessenen Bemühungen der älteren Forscher zur heutigen Physiko-Chemie der Organismen über und ist durch viele Einzelheiten und die vollendete Form auch heute noch eine anregende und genußreiche Lektüre.

Seitdem Emil du Bois-Reymond in dem Prachtbau in der Dorotheenstraße eine den Ansprüchen jener Zeit auf jedem Gebiete physiologischer Forscher- und Lehrtätigkeit genügende Stätte besaß, hat er allerdings selbst auch auf dem ihm eigenen elektrophysiologischen Forschungsgebiet sich nicht mehr allzuviel betätigt. Abgesehen von der fortgesetzten Polemik für seine Molekulartheorie und Präexistenzlehre der tierisch-elektrischen Ströme gegen die Alterationstheorie, sowie gegen Herings

Angaben über die bereits erwähnten Nachströme interessierte ihn ganz besonders das Studium der elektrischen Fische, in welchen die tierische Elektrizitätsproduktion zur Schutz- und Angriffswaffe ausgebildet ist, indem die verhältnismäßig geringen Spannungen, welche einzelne Muskel- oder Nervenfasern, bzw. Drüsenzellen liefern können, durch Hintereinanderschaltung wie bei der Volta schen Säule oder hydroelektrischen Batterie oder einer windungsreichen Induktionsvorrichtung zu einer beträchtlichen Summe gesteigert sind: Weiß man doch jetzt, dank der Anwendung neuzeitlicher Meßgeräte und Registriermethoden, daß sie beim Zitterwels (Malopterurus electricus) aus Südafrika 250 Volt und mehr erreichen. Solche Zitterwelse waren auch die ersten elektrischen Fische, die seinerzeit lebend nach Berlin gelangt, im Jahre 1857 von du Bois selbst untersucht werden konnten. Später erhielt er auch lebende Exemplare des im Mittelmeer so verbreiteten Zitterrochen (Torpedo), und, ein Seitenstück in kleinem Maßstabe zu den in Neapel, in London, durch Hermes in Berlin eingerichteten Seewasseraquarien, in denen das städtische Publikum über die Fauna und Flora des Meeres Belehrung finden sollte, hatte du Bois auch in seinem Institut ein kleines Aquarium eingerichtet, in welchem hauptsächlich gelegentliche Zitterfischsendungen lebend erhalten und der Experimentalforschung dienstbar gemacht werden sollten. Zum Studium der Zitteraale (Gymnotus), deren Kampf mit den Pferden im Orinoko seinerzeit Humboldt geschildert hatte, wurde auf du Bois' Betreiben der begabte und in seinem Institut physiologisch vorgebildete Dr. Karl Sachs aus Mitteln der Humboldtstiftung von der Preußischen Akademie der Wissenschaften nach Südamerika geschickt, wo er wertvolles Material sammelte, das er allerdings nicht mehr selbst hat bearbeiten können, da er, wie schon früher erwähnt, kurz nach der Heimkehr einem Unfall in den Alpen zum Opfer fiel. Außer einem Vorwort zu den Reiseschilderungen des jungen Forschers „Aus den Llanos" hat du Bois selbst die Ergebnisse seiner an Ort und Stelle vorgenommenen Versuche mit den Zitteraalen nach seinen Tagebuchaufzeichnungen herausgegeben unter Hinzufügung zweier anatomischen Abhandlungen von Gustav Fritsch über das Zentralnervensystem und das elektrische Organ dieser Tiere. Aus diesen Untersuchungen ebenso wie aus den vorangegangenen von Bilharz, Boll, Max Schultze und Babuchin über den Zitterrochen geht hervor, daß die elektrischen Organe dieser beiden Zitterfischarten gewissermaßen umgewandelte Muskeln sind, während beim Zitterwels Drüsenzellen der Haut das unter der Haut befindliche elektrische Organ gebildet haben. Allerdings scheint beiden Fällen nach neuzeitlicher Beurteilung die Grundlage gemeinschaftlich zu sein, daß die elektrische Platte, deren „Aktionsstrom" das wesentliche des durch Hintereinanderschaltung verstärkten einzelnen Zitterfischschlages ist, der Nervenendplatte, bzw. Endausbreitung des sogenannten elektrischen Nerven gleichwertig, ihre Wirkung also ein Nervenaktionsstrom und nicht ein Muskelaktionsstrom ist, während die Muskel-, bzw. Drüsensubstanz, zu sulziger Masse verkommen, nur noch die Rolle isolierender Substanz zwischen den hintereinandergeschalteten aktiven Teilen spielt. Wenngleich diese Erkenntnis wesentlich der Anwendung der heutigen Meßgeräte und Registriermethoden zu danken ist, so fußt sie doch in letzter Linie auf den klassischen Arbeiten über Richtung, allgemeinen Charakter und physiologische Bedingungen des Zitterfischschlages, zu denen du Bois den Grund gelegt hat und von denen manche Einzelheiten, wie die Frage nach der Ursache der Unempfindlichkeit der

Tiere für ihren eigenen Schlag, ihn bis ins hohe Alter beschäftigt haben, ohne daß er glaubte, sie endgültig gelöst zu haben.

Wenn Emil du Bois-Reymond in bezug auf Förderung der anorganischen und organischen Naturwissenschaften durch eigene Forschung somit zeitlebens etwas einseitig geblieben ist und verhältnismäßig früh damit aufgehört hat, so hat er sich um so vielseitiger um ihre Geschichte und Kritik, und zwar nicht nur dieser Wissenschaften an sich, sondern auch im Zusammenhang mit allen anderen Gebieten menschlichen Wissens und Lebens verdient gemacht, und dieses Verdienst hängt aufs engste zusammen mit seiner Tätigkeit als akademischer Redner, insbesondere seiner früher schon erwähnten Stellung als ständiger Sekretär der mathematisch-physikalischen Klasse der Preußischen Akademie der Wissenschaften. In seinen berühmten, gleiche Höhe des Inhalts wie des rhetorisch ausgefeilten Stils zeigenden Vorträgen, die er in dieser Akademie, an ihren Stiftungs- und Leibnizfeiern, sowie an festlichen Tagen der Universität und gelegentlich auch auf wissenschaftlichen Kongressen gehalten hat und die in den zwei Bänden seiner Reden 1921 in zweiter, vervollständigter Auflage erschienen sind, findet sich ein überaus reiches Material zur Geschichte der gesamten Wissenschaften, ja der menschlichen Kultur-, Völker- und Literaturgeschichte in zusammenhängenden Darstellungen, Biographien und eingestreuten einzelnen Bemerkungen sowie angehängten Noten.

Als ständiger Sekretär hat er zu antworten gehabt auf Antrittsreden in die mathematisch-physikalische Klasse der Akademie neu aufgenommener Gelehrten, und zwar Werner Siemens, Rudolf Virchow, M. Websky (Mineraloge), Schwendener, Eichler, Hermann

Munk, Landolt, Waldeyer, Franz Eilhard Schulze, Klein, Möbius, Kundt, Engeler, Dames. Emil Fischer und Oskar Hertwig. Jubiläumsansprachen und Adressen hat er verlesen 1868 an Ehrenberg, 1872 an die belgische Akademie, 1876 an den Physiker H. Dove, endlich 1892 an Helmholtz zu seinem fünfzigjährigen Doktorjubiläum. Handelte es sich hier um meist kürzere Ausführungen, in denen auf die Hauptleistungen, durch die sich die Betreffenden Namen und Weltruf erworben hatten, das Hauptgewicht gelegt wurde, so finden wir Erschöpfendes über Leben und Wirken der betreffenden Männer, Würdigung im geschichtlichen Zusammenhange bis in die einzelnen kleinen Züge in den großen Gedenkreden, die du Bois-Reymond gehalten hat: 1895 auf Paul Erman, 1858 auf Johannes Müller, 1859 auf Helmholtz. Besonders die beiden letzteren suchen ihresgleichen an Schwung wie an Reichtum des Inhalts. War doch Johannes Müller der Lehrer und Förderer gewesen, dem du Bois-Reymond außer seiner eigenen Begabung das meiste zu verdanken hatte, und der Meister der klassischen Schule deutscher Biologie im neunzehnten Jahrhundert; — und mit Helmholtz hatte ihn, wie wir wissen, von seiner Studienzeit her Freundschaft und Verwandtschaft der Arbeitsrichtung eng verbunden. Daß solche Freundschaft und Geistesverwandtschaft überhaupt von ihm hochgehalten wurde, zeigen in kleinerem Maßstabe ferner noch die Biographie Eduard Hallmanns, die er dem nach dem Tode erschienenen zweiten Band von dessen Schrift über die Temperaturverhältnisse der Quellen beigegeben hat, und der Nekrolog auf Karl Sachs, den er dessen schon erwähntem Reisebuch „Aus den Llanos“ vorangeschickt hat.

Geschichtliche Darstellung in biographischem Rahmen oder gruppiert um die Würdigung der Bedeutung großer Männer finden wir in seiner Rede über Voltaire als Naturforscher 1868, über Leibnizsche Gedanken in der neueren Naturwissenschaft 1870, über La Mettrie 1875: — es ist dies wohl die geistreichste Würdigung des vorher soviel verlästerten Materialisten, die gesprochen oder geschrieben werden konnte. Seine Akademierede von 1876, Darwin versus Galiani, bildet eine Kritik, die viele vermeintliche „Überwinder des Darwinismus" wie auch solche, die die Schwächen dieser Arbeitshypothese durch dick und dünn verteidigen zu müssen glaubten, sich seitdem hätten zu Herzen nehmen sollen. Ein gleiches gilt für den Nachruf von 1883: „Darwin und Kopernikus". Viel Aufsehen machte und Widerspruch erweckte seinerzeit die Rektoratsrede von 1882 „Goethe und kein Ende". Von den beiden Beurteilungen, die vorher Helmholtz hatte Goethes naturwissenschaftlichen Bestrebungen zuteil werden lassen, bevorzugt hier du Bois im ganzen die abfälligere, außerdem scheint es uns wohl, daß er über Verurteilung der bekannten physikalischen Irrwege in Goethes Farbenlehre gar zu sehr die Bedeutung seiner psycho-physiologischen Erkenntnisse übersieht. Im übrigen ist die absprechende Beurteilung im Vergleich zu manchen neueren Urteilen noch gar nicht so übermäßig hart und ungerecht, und wenn er mit ihnen gemeinsam zu dem Ergebnis gelangt, daß neben Goethes Werk und Bedeutung als Dichter und Former der Sprache seine mehr liebhabermäßige Beschäftigung mit den Naturwissenschaften zurücktreten muß, so dürfte das wohl richtig sein. Zum Biographischen gehört noch du Bois' Rektoratsrede von 1883 über die beiden Humboldt-Denkmäler vor der Berliner Universität, endlich die Akademiereden 1884 zum Gedächtnis Diderots (wenigstens in gewisser Hinsicht), 1888 über Adalbert von Chamisso als Naturforscher und 1892 über Maupertuis, den von Friedrich dem Großen berufenen Neubegründer der Preußischen Akademie der Wissenschaften.

In den Reden und Vorträgen du Bois-Reymonds über historische und allgemeine Gegenstände tritt, wie natürlich, mehr als in seinen fachwissenschaftlichen Schriften und Vorlesungen, seine politische, religiöse und philosophische Einstellung deutlich hervor. Als Kind der Neuenburger Hugenottenfamilie, deren Vorfahren vor französischer Ketzerverfolgung flüchteten, als Sohn des zum Geheimen Regierungsrat seines preußischen Landesvaters aufgerückten Felix Henri du Bois, dessen pietistische, gottergebene Zurückgezogenheit zu der Freigeisterei der Berliner Gesellschaftszirkel in solchem Gegensatze stand, in die der Student und Gehilfe des Frömmigkeit mit Naturforschung paarenden Johannes Müller frühzeitig Eingang gefunden hatte, zeigt Emil du Bois-Reymond schon in seinen Jugendbriefen an Hallmann die Neigung zum ausgesprochenen Atheismus und zur Kritik an den Schwächen und Mißgriffen des eigenen Volkes und fremder Völker in der Politik, wobei auch das einheimische Herrscherhaus nicht verschont bleibt. Nachdem er frühzeitig Mitglied der von Friedrich Wilhelm und Leibniz gestifteten, von Friedrich dem Großen und Maupertuis erneuerten Königlich Preußischen Akademie der Wissenschaften und später ordentlicher Professor an der Königlichen Friedrich-Wilhelms-Universität zu Berlin geworden war, hatte er Gelegenheit, seine Treue zum Herrscherhaus und Bewunderung für die Verdienste der Hohenzollerndynastie vielfach amtlich zum Ausdruck zu bringen: Friedrich der

Große, der Atheist und Freigeist auf dem Throne, ist dabei sein erklärter Liebling, Reden über ihn in englischen Urteilen (1883), über sein Verhältnis zur bildenden Kunst (1887) und andere Gelegenheiten lassen seine eingehende Beschäftigung mit ihm und seine Vorliebe für den spezifischen Genius des großen Friedrich deutlich hervortreten. In mehreren Gelegenheitsansprachen an die regierenden Fürstlichkeiten findet er Worte vollster monarchischer Ergebenheit. Als im Sommer 1870 der Krieg gegen Frankreich ausbricht, hält er als Rektor der Berliner Universität seine berühmte Rede über den deutschen Krieg, in welcher über Frankreich und die Franzosen, weit über die patriotische Aufwallung des Augenblicks hinausgehend, Wahrheiten niederlegt sind, bittere Wahrheiten zum Teil, aber auch milde Urteile und gern zugestandene Worte des Lobes, soweit davon die Rede sein kann, lauter Äußerungen, die nach den Ereignissen der letzten sieben Jahre und in der jetzigen Zeit, wo wahrlich die Franzosen mehr oder weniger unbewußt alles, aber auch alles tun, um sie nicht Lügen zu strafen, so zeitgemäß erscheinen, wie nur je die Äußerung eines Akademikers und Historikers nach Wiederkehr eines halben Jahrhunderts hat werden können. Emil du Bois-Reymonds Worte über die Franzosen in seiner Rede über den deutschen Krieg gemahnen an Julius Cäsars Kennzeichnung des gallischen Volkscharakters, an Tacitus' wortkarge und treffende Schilderung der alten Deutschen, sie erscheinen uns heute so frisch, so schlagend, so zeitgemäß, daß ich nicht umhin kann, trotz gewisser Längen, sie wortgetreu hier wiederzugeben. „So loben und lieben wir rückhaltlos an den Franzosen, was uns lobens- und liebenswürdig erscheint. Wir gönnen ihnen ihr trefflich gelegenes, sonniges, fruchtbares Land, die Obstgärten der Normandie, die Weinberge der Garonne, die Ölhaine der Provence. Wir gönnen ihnen ihren Reichtum, ihre alte einheitliche Macht, ihre ruhmvollen Erinnerungen, sogar auf unsere Kosten. Wir verlangen, wie gesagt, nichts von ihnen; wir möchten nur mit und neben ihnen, wie mit und neben unseren Nachbarn, in Ruhe und Frieden leben, als ebenbürtige Glieder der europäischen Völkerfamilie.

Allein sie, die Franzosen, wollen mehr. Sie haben jederzeit es für ihr natürliches Recht gehalten, auf die nichtigsten Vorwände hin Deutschland zu bekriegen und zu berauben. Sie haben einst die Pfalz „verbrannt". Nachdem dann unser Nationalheld sie zuletzt bei Roßbach mit blutigen Köpfen heimgesandt hatte, in so schimpflicher Art, wie weder früher noch später wir je von ihnen geschlagen wurden, haben auch wir, wie nicht zu leugnen, uns an ihnen vergangen. Wir mischten uns in ihre inneren Angelegenheiten und drangen bei ihnen ein, um sie zu verhindern, einander nach Belieben zu guillotinieren. Es war ein großes Unrecht; aber es wurde gebüßt, wenn nicht zur Genüge durch das Unglück des Feldzuges selber, durch die spätere Niederlage Preußens unter den Napoleonischen Waffen. Sieben Jahre lastete die Wucht des fürchterlichen Besiegers auf uns, sieben Jahre duldeten wir jede Schmach, jede Erniedrigung und nicht bloß wir; das durch seinen Wasserharnisch geschützte England ausgenommen, seufzte mit uns ganz Europa unter der gleichen Tyrannei. Von den Ursachen und Mitteln, welche, neben des ersten Napoleons militärischem Genie, den Franzosen diese Erfolge ermöglichten, sei geschwiegen. Aus Herrn Pierre Lanfreys Buche kann jetzt jeder die Einsicht schöpfen, welche Kenner jener Vorgänge stets besaßen, daß zwar die ersten Siege der republikanischen Heere das Werk eines großartigen Volksaufschwunges waren und in Europa vielfach mit lebhafter Sympathie begrüßt wurden, daß aber sehr bald von alledem nichts übrig blieb, als auf niedrigen Mißbrauch der Übermacht, teuflische Arglist, nichtswürdige Heuchelei gestützt, ein Raubsystem von einer Frechheit, wie sonst nur etwa die Spanier gegen Azteken und Peruaner es übten.

Als der Tag der Vergeltung kam, ging Frankreich beinahe straflos aus. Die unter dem Namen der „Franzosenfresserei" bekannte Übertreibung eines nach so langen Kämpfen verzeihlichen Gefühles der Abneigung machte bei uns sogar ziemlich bald einer auf ästhetischem Boden keimenden Bewunderung für die Heldengestalt des gestürzten Imperators und einer oft fast leidenschaftlichen Vorliebe für das Volk der Franzosen Platz. Kaum Béranger hat die Napoleonische Legende mit größerem Pathos besungen, als das Haupt des Jungen Deutschland, Heinrich Heine; kein Franzose hat je den Franzosen mehr Weihrauch gestreut als der verblendete Briefsteller aus Paris, Ludwig Börne. Bedarf es mehr, um zu beweisen, wie großmütig wir das unermeßliche uns angetane Leid vergaßen, wie wenig wir daran dachten, die Franzosen wieder als Feinde heimzusuchen, wie unnütz, wenn gegen uns, und nicht gegen die Stadt gerichtet, die Befestigung von Paris war, solange man uns in Ruhe ließ?

Anders die Franzosen. Bei ihnen schreibt sich vom ersten Kaiserreich her eine unglückselige Wandlung ihrer Empfindungsweise gegen andere Völker, besonders gegen uns. Erreicht diese neue Empfindungsweise eine gewisse Höhe, so wird sie Chauvinismus genannt.

Bei der mangelhaften Schulbildung der Franzosen und der schlechten geschichtlichen Lektüre auch der besseren Stände unter ihnen, beschränkt sich ihre Kenntnis der Geschichte des ersten Kaiserreiches etwa auf die Siege von

Marengo, Austerlitz und Jena, den Rückzug von Moskau, und die Niederlagen bei Leipzig und Waterloo, wo aber natürlich Übermacht sie erdrückte oder Verrat im Spiele war. Des zweimaligen Zuges der Verbündeten nach Paris gedenken sie mit unbeschreiblichem Hasse, als der größten Unbill, die ihnen zugefügt werden konnte. Ihnen steht in jedem Augenblick das Recht zu, sengend und brandschatzend in fremdes Land einzubrechen, betritt aber ein kriegführender Feind Frankreichs heiligen Boden, so ist es der entsetzlichste völkerrechtliche Frevel. Sie haben keinen Begriff davon, daß, was anderen recht ist, ihnen billig sei; sie fassen gar nicht die Idee, daß damals in der mildesten denkbaren Form geschichtliche Gerechtigkeit an ihnen geübt wurde. Es ist bezeichnend, daß sogar die sonst so wohlmeinenden Verfasser der antichauvinistischen Volksbücher „Le Conscrit de 1813", „Waterloo" u. a. m., die Herren Erckmann-Chatrian, von dieser sogenannten patriotischen Denkweise sich nicht losmachen können, oder wenigstens nicht geraten finden, dawider aufzutreten. Ja, man kann geradezu behaupten, daß unter Guerre schlechthin die Franzosen den glücklichen, Raub und Beute eintragenden Krieg im Auslande verstehen. Hat wider alle Verabredung, ganz gegen die Wette, der Krieg ihre Grenzen überschritten, so heißt er Invasion, die Feinde sind Envahisseurs.

In das Geschrei um Rache für Waterloo und die Invasion mischt sich dann das nach Frankreichs „natürlichen" Grenzen. Dabei gilt eine doppelte Richtschnur. Erstens zeigt sich wieder das französische Bedürfnis nach abgerundeter Formenschönheit: es soll die Grenze eine hübsche, geographisch-physikalisch klar ausgeprägte Grenze sein, übrigens auch strategisch brauchbar; und aus diesem Gesichtspunkte gebührt den Franzosen das linke Rheinufer. Zweitens soll nach dem Nationalitätsprinzipe die Grenze sich decken mit der französischen Sprachgrenze; aus diesem Gesichtspunkte gebührt ihnen Belgien und die französische Schweiz. Bei ihrer lächerlichen geographischen und ethnographischen Unkenntnis, da sie nicht reisen und auf Reisen schlecht beobachten, weil sie immer nur sich selber mit sich umhertragen, haben sie von den Zuständen des linken Rheinufers und von seiner Beziehung zu Deutschland keine oder die verkehrteste Vorstellung. Hätten sie eine Ahnung davon, sie würden den Wahnsinn einsehen, den vom deutschen Volke ausgebauten Kölner Dom, alle die Orte, was soll ich sie herzählen, wo in den geliebtesten Liedern unsere Jugendphantasie sich erging, die Städte, wo Beethovens und Johannes Müllers Wiege stand, die Nibelungen- und Lutherstadt Worms, uns lebendig entreißen, ein Land von uns trennen zu wollen, das ebenso innig an Deutschland hängt, wie es jedem Deutschen ans Herz gewachsen ist. Aber man muß mit der Laterne suchen, um auch unter der Partei, die sich für gemäßigt demokratisch ausgibt, den Franzosen zu finden, in welchem nicht etwas von jener tollen Begehrlichkeit lauerte.

Und doch ist in diesem Falle das französische Gelüst wenigstens noch auf Greifbares, Verständliches gerichtet. In dem verworrenen Vorstellungskreise, den zu zergliedern ich versuche, tritt aber dann noch ein anderes, unfaßbares Ziel hervor, genannt der Ruhm, die Ehre und Würde Frankreichs. Bei diesen Namen steigen im Gehirn der Franzosen Wolken unverschämter Selbstberäucherung auf und üben eine berauschende Kraft, welche sie als Nation jeder unsinnigen und verbrecherischen Handlung fähig macht. Sie sehen eine Art von Fata morgana, die ihnen Frankreich (sie kennen nichts anderes) als den Begriff alles Erhabenen,

Großen und Schönen zeigt. Sie sehen, ich weiß nicht was, aber Soldaten mit roten Hosen, die Trikolore voran, in Rauch und Kartätschenhagel Haufen anders uniformierter Leichen erkletternd, spielen dabei die vornehmste Rolle und erscheinen ihnen als das Höchste auf der Welt. Die Vorstellung, daß auch ein anderes Volk kriegerische Lorbeeren ernten könne, vollends mit leichterer Mühe und schlagenderem Erfolg im Kampfe mit demselben Gegner sie gepflückt haben solle, verursacht ihnen „patriotische Beklemmungen", und es begibt sich, was nach dem Irrenhause klingt, sie schreien um Rache wegen der Niederlage desselben Feindes, den sie erst eben einer Idee willen, d. h. um auf seine Kosten Beute zu machen, anfielen, immer lauter um Rache wider uns, nachdem dieser Feind und wir, wie Männer, die einen Streit ausfochten, uns längst wieder die Hände schüttelten.

Frankreich hatte das Glück oder Unglück, früh zu einem stark zentralisierten, einheitlichen Staat zusammengefaßt zu werden. Die Übermacht, welche es dergestalt erlangte und so oft schnöde mißbrauchte, betrachtet es als von Rechts wegen ihm zustehend. Sucht Italien seine Einheit, so ist Frankreich ihm zwar anfangs dazu behilflich, nicht Italiens wegen, sondern um Österreich zu schwächen und aus anderen offenbar geheimnisvollen Gründen; aber es verlangt und erhält für den Machtzuwachs Piemonts eine „Kompensation", damit das Machtverhältnis annähernd dasselbe bleibe. Preußen ist stark genug in Deutschland sich selber die Stellung zu erfechten, die in Italien Piemont nur mit Frankreichs Hilfe erlangte; dennoch versucht Frankreich mit einer Ungezwungenheit, für die es keinen parlamentarischen Ausdruck gibt, auch auf uns die Theorie der Kompensation anzuwenden, und da dies durchaus nicht gehen will, erklärt es uns den Krieg mit der ausgesprochenen Absicht, Deutschland wieder zu zerstückeln. Denn die Ehre, Würde, Sicherheit Frankreichs fordern, daß Deutschland zerstückt bleibe, damit, Zwietracht säend, Frankreich schlimmstenfalls es stets nur mit einem ihm an Zahl unterlegenen Gegner zu tun habe, besserenfalls aber auch noch den einen gegen den anderen Teil ins Feld führen könne. Man fragt sich, wo in diesem von jeher geübten Verfahren die Großmut und Ritterlichkeit stecken, deren sich Frankreich fortwährend rühmt, oder, wenn dies Verfahren nicht unritterlich ist, warum es denn unritterlich war, daß 1813 gegen Frankreich auch eine Überzahl aufgeboten wurde?

Seit den Tagen der ersten Republik, wo die Franzosen als Apostel ihrer revolutionären Ideen sich betrachteten und wo sie wirklich manchen verrotteten Zuständen ein Ende machten, leben sie des Wahnes, sie vermöchten auf uns zivilisierend, wie sie es nennen, zu wirken, uns einen politischen oder sozialen Fortschritt zu bringen: sie, deren politische Fäulnis zum Himmel stinkt, deren Verwaltung die trostloseste Verödung an innerem Leben offenbart, und bei denen das unheilvolle Bündnis von Cäsarismus und Jesuitismus, unter dem sie seit achtzehn Jahren schmachten, sich auf die gröbste Unwissenheit der Massen stützt. Womit wollen sie uns also beglücken? Mit der Verdummung ihrer Provinz? Oder mit der Hetärokratie ihrer Hauptstadt? Aber sie sind kindisch eitel genug, um sich einreden zu lassen, daß sie eine höhere Sendung erfüllen, indem sie ein Volk meuchlings überfallen, das an wahrer Bildung und Freiheit sie längst überflügelt hat. So groß ist übrigens in der Tat ihre Unkenntnis, daß jenseits einiger ihrem Ideenkreise näher liegenden Punkte, wie Baden-Baden und Homburg, ihnen alles in einem Nebel verschwimmt. Sie haben keine sichere Vorstellung davon, daß Pommern und Schlesien zivilisierter sind als Serbien oder Bulgarien, und sehr viele Franzosen sind auch nach 1866 noch nicht ganz im reinen über das schwierige Problem, welche Sprachen eigentlich in den verschiedenen deutschen Ländern gesprochen werden. Daher sie in unseren Annexionen nicht eine gewaltsame Art sehen, wie sich infolge kriegerischer Vorgänge lang gehegte nationale Wünsche erfüllen, sondern Eroberungen schlechthin, etwa wie wenn Rußland sich Rumänien einverleibte.

Es ist psychologisch interessant zu beobachten, wie der richtige Franzose andere Nationen, die Polen ausgenommen, von denen ihm ein phantastisches Bild vorschwebt, im tiefsten Herzen verachtet und lächerlich findet, dabei aber doch das heftige Bedürfnis hat, als ruhmumstrahltes höheres Wesen vor diesen Parias dazustehen, deren Meinung ihm vernünftigerweise gleichgültig sein sollte, um so mehr, als er gar nichts davon erfährt. Es ist ein Irrtum, wenn man sich vorstellt, Lobhudeleien wie die des Jungen Deutschland hätten die Franzosen in ihrer abgeschmackten Selbstvergötterung noch sehr bestärkt. Gerade die Franzosen, welche die beste Meinung von sich als der „großen Nation" haben, wissen gar nichts von solchen literarischen Absonderlichkeiten. Jener Widerspruch steht auch nicht allein. Wenn, wie Herr Edmond About sie schildert, die deutschen Soldaten teils halbe Wilde, teils arme Teufel von Schneidern und Schustern sind, die von eigens dazu bestellten Feldgendarmen ins Feld geprügelt werden und sich mit flacher Klinge heulend nach Hause jagen lassen, wo in aller Welt bleibt der ungeheure Ruhm, den die Franzosen an uns zu erwerben gedenken? Aber man darf billig keinen logischen Schluß, kein gesundes Urteil von einer Nation erwarten, bei welcher jahrzehntelang, vermöge der unbegreiflichsten Gedankenverwirrung, Republikanismus und Bonapartismus sich die Hände reichten, und sogar heute, nachdem der Unsinn dieser Brüderschaft eingeleuchtet haben könnte, der seinen letzten Trumpf ausspielende Bonapartismus nur die republikanische Kriegshymne anzustimmen braucht, damit alles Feuer und Flamme sei. Doch nimmt es wunder, wenn man solchem Abgrunde von Konfusion bei einem Volke begegnet, das in Dingen des Geistes durchsichtige Klarheit und genaue Folgerichtigkeit über alles setzt, das dem Streben danach leicht die tiefere Einsicht opfert und nebenbei nicht aufhört, mit unseren Träumereien und nebelhaften Theorien uns zu verhöhnen, die wir ihm in wichtigen Zweigen der strengen Wissenschaft vorausgeeilt sind, ohne daß es bei seiner literarischen Unkenntnis auch nur etwas davon ahnte.

Ein merkwürdiger Zug der Franzosen ist ihre Sucht, sich für Nachfolger der Römer in der Geschichte auszugeben. In einer Beziehung tun sie sich darin großes Unrecht: sie übertreffen die Römer weit an geistiger Produktivität und ästhetischer Begabung. Aber wenn wir ihnen auch die Laster des kaiserlichen Rom nicht absprechen wollen, so können wir ihnen doch die Tugenden der römischen Republik nicht zugestehen. Das Kolonisationstalent der Römer geht ihnen sicher ab, da nach vierzigjährigen Kämpfen die beste Frucht, die sie noch aus der Eroberung Algiers zu ziehen wußten, darin besteht, daß sie die besondere Befähigung der alten Piratenbrut für ihre eigene Art des Kriegführens sich zunutze machen. Daß Kosaken die in Rußland eingebrochenen Franzosen bis nach Frankreich hinein verfolgten, war beiläufig der Gipfel der Barbarei; bestialische Turkosbanden, „diese schönen afrikanischen Truppen“ des Herrn Edmond About, vom Atlas über das Mittelmeer zu holen, um sie auf die Rheinlande loszulassen, das ist Zivilisation, uns mit ihren viehischen

Lüsten zu drohen, das ist guter Geschmack. Kann etwas törichter sein, als die von den Franzosen angenommene Analogie zwischen ihrem Königtum, ihrer ersten Republik und ihrem ersten Kaiserreich und den dem Namen nach entsprechenden Phasen der römischen Geschichte? Die Fiktion rührt vom ersten Napoleon her, der damit die Staatsform des kaiserlichen Rom den Franzosen mundgerecht machte, und der Glaube daran wird vom Neffen sorgsam gepflegt. Sein Oheim ist Cäsar; die undankbaren Völker, die nicht von diesem beglückt sein wollen, sondern ihn auf St. Helena einsperren, sind Brutus und Cassius, er selber ist natürlich Octavian. Der Erfolg dieser Phrasen wäre minder glänzend gewesen ohne einen eigentümlichen, weit verbreiteten Mangel der französischen gelehrten Erziehung. Obschon sie ausgezeichnete Hellenisten hervorbringen, verstehen die Franzosen als Nation kein Griechisch und das griechische Altertum liegt ihnen verhältnismäßig fern. Der Name Homer ist der großen Anzahl der gebildeten Franzosen ein leerer Schall. Meist kennen sie ihn nur in Übersetzungen, wie die der Madame Dacier und Bitaubes, welche uns fast wie Travestien erscheinen. Daher die dem Deutschen, der den Trunk frisch vom Quell genoß, stets unbegreifliche Zusammenstellung Homers und Virgils bei den Franzosen, sogar mit Bevorzugung des kaiserlich römischen Hofpoeten. Bei dem Wort „Altertum" steigt dem Deutschen zunächst das ewig schöne Bild hellenischer Blüte, etwa der Perserkriege und der Perikleischen Zeit, auf. Der Franzose sieht bei demselben Wort einen Imperator mit seinen Adlern und Legionen, Gefangenen und Beutewagen im Triumph dem Kapitole sich nähern, oder er sieht im Amphitheater, Kopf an Kopf gedrängt, die Quiriten an blutigen Fechtspielen und grausamen Tierhetzen ihr rohes Gemüt erlaben; bestenfalls denkt er an die meist etwas unmenschlichen und theatralischen Heldengestalten der römischen Republik. Diese vorwiegende Bewunderung der Franzosen für das Römertum, welche auch in ihrer bildenden Kunst bemerkbar ist, war der richtige Boden für die Saat des Cäsarismus und hat wesentlich dazu beigetragen, ihnen zu einem nicht bloß Rom, sondern die Welt zu seinem Vergnügen in Brand steckenden Nero zu verhelfen. Es war aber wohl ein kleiner Lapsus, wenn die Auguren dieser Neurömer in der Presse uns die kaudinischen Pässe weissagten, wo bekanntlich Römer durch das Joch krochen.

In zwei Punkten sind wirklich die Franzosen die Nachfolger der Römer. Gleich diesen, halten sie sich für berufen und berechtigt zur Herrschaft über andere Völker und knechten sie die Schwächeren unter dem gleißenden Vorwande von Schutzbündnissen oder auf Grund verleumderischer Anklagen: daher der hämische Ingrimm, mit dem sie seit vier Jahren Deutschland jeden Tag fester sich zusammenschließen und so die Gelegenheit zu ihrer Einmischung und unserer Demütigung unwiederbringlich schwinden sahen; daher ihr jetziger Ausbruch.

Dann aber betrachten die Franzosen, gleich den Römern, den Krieg nicht als letztes verzweifeltes Mittel zur Entscheidung internationaler Streitigkeiten, sondern etwa wie die Jagd als angenehm aufregende und Vorteil bringende Beschäftigung, zu der man sich Gelegenheit macht, wenn sich keine bietet. Die schlechte Literatur schmeichelt den schlechten Neigungen des Volkes, und man braucht nur die Wendung zu sehen, welche die sinkende französische Literatur genommen hat, um hinsichtlich der verderblichen, das französische Volkstum zerrüttenden Leidenschaften untrügliche Fingerzeige zu erhalten. Eine dieser Leidenschaften ist die Rauflust, das Vergnügen an blutigen

Abenteuern, Überfällen, Mord und Zweikampf. Nach ihren eigenen Schilderungen zu urteilen, haben die Franzosen geringen Sinn für Familienleben, sie arbeiten mehr des Erwerbes halber, um sich früh zur Ruhe zu setzen, als weil ihnen wie germanischen Völkern Arbeit Genuß, Bedürfnis, zweite Natur wäre. Das müßige Leben im Felde, mit etwas Gefahr gewürzt, Schaustellung ihres Heroismus, Abenteuer aller Art sagen ihrem Wesen zu, und wenn sie auch nicht selber dabei sein mögen und von allgemeiner Wehrpflicht nichts wissen wollen, so haben sie doch ihre Freude daran, daß Franzosen sich irgendwo schlagen.

Selbst ein so ideal angelegter, zartsinniger Mann wie Herr Sainte-Beuve eignet sich ohne weiteres die Bezeichnung der Kriegskunst an als „jener unermeßlichen Kunst, welche alle anderen umfaßt". Paul-Louis Courier freilich wagt es, in seinem Gespräch bei der Gräfin Albany dieser Überschätzung des Kriegsruhms bei seinen Landsleuten entgegenzutreten, und er läßt den Maler Fabre die Paradoxie verfechten, daß es außer dem Gewinnen von Schlachten noch einige andere ruhmwürdige Dinge in der Welt gebe; aber Paul-Louis gilt auch bekanntlich für einen Querkopf.

Einer der gelehrtesten, geistreichsten, freidenkendsten Franzosen von allgemeiner Bildung, erklärter Feind der Chauvins, sagte mir vor Jahren in einem unbewachten Augenblick: „Man hat vielleicht unrecht gehabt, aus den Franzosen ein industrielles Volk machen zu wollen. Der Franzose ist von Natur Ackerbauer und Soldat". Ähnlich hatte schon Saint-Just geurteilt. Sehr wohl; aber gegen wen soll dieser Soldat sich schlagen? Wäre meinem Freunde diese Frage rechtzeitig aufgestiegen, er hätte seinen Satz nicht vollendet. Aber der Chauvin vollendet ihn und antwortet unbedenklich: Gegen die Russen! Gegen die Österreicher! Gegen die Italiener! den Tag, wo sie nicht mehr nach unserer Pfeife tanzen! Gegen die Engländer, wie gern, wäre nicht der Kanal! Unter irgend einem Vorwande gegen irgend jemand, wie jetzt gegen uns. Darf das Wild sich beschweren, wenn der Jäger es schießt? Wie das Wild da ist, um geschossen zu werden, sind andere Völker da, damit die Franzosen an ihnen ihr Mütchen kühlen.

Und da die Franzosen unfähig sind, in fremdes Volkstum sich hineinzudenken, in unsere friedliche, genügsame, stiller Arbeit und häuslichem Glücke zugewandte Natur, unsere brüderliche Gesinnung gegen alle Völker, gegen die sogar, welche es am wenigsten um uns verdienten, in die erhabene allgemein menschliche Weltanschauung, die unser Volk unter den Völkern zu einem Bürger kommender Jahrhunderte macht; da sie ihre eigene selbstische, lieblose Sinnesart, ihre Eroberungssucht und abstrakte Kriegslust auch bei uns voraussetzen, so meinen sie, wir würden, sobald wir einig wären und uns stark genug fühlten, über sie herfallen, ja sie würden uns für Narren halten, täten wir es nicht.

Natürlich gibt es eine Menge Franzosen, welche an dem allen unschuldig sind. Es gibt darunter eine Menge wohlunterrichteter, wohldenkender Männer, die über die Begriffsverwirrung und Gefühlsverirrung ihrer Landsleute trauern, zürnen und sich schämen. Nicht wenige haben unüberlegt und ohne es ernst zu meinen den Lärm wegen der Rheingrenze und der Rache an Preußen jahrelang mitgemacht und sind nun höchlich bestürzt, sich beim Worte genommen zu sehen. Aber welche Abstufungen und Abarten des Chauvinismus es auch gebe, der Beweis, daß die mittlere Meinung des französischen Volkes innerhalb jenes Kreises fällt, liegt darin, daß der es am besten kennt, Louis

Napoleon, auf diese Gesinnung sein letztes verzweifeltes Wagestück baut.

Und deshalb ist das ganze französische Volk sein Mitschuldiger.

Mag es der Mehrzahl nach diesen Krieg überhaupt oder, wie Herr Thiers, einer der Väter des Chauvinismus, nur bei dieser Gelegenheit nicht gewollt, mag es des neuen Kriegsruhmes und der neuen Kriegsschulden genug gehabt haben an dem, was die Krim, Italien, Mexiko ihm eintrugen: ich frage, wo ist das andere Volk, welches der Reiter mit dem erloschenen Blicke, der das Roß Frankreichs zu Tode spornt, durch solche Gewaltsprünge am sichersten zu bändigen gehofft hätte? welches er jetzt abermals kopfüber in einen blutigen Abgrund sprengen dürfte, nur um es für den unleidlichen Druck, unter dem es stöhnt, zu betäuben? Es gibt keine Rechtfertigung, keine Ausflucht: der Franzosen kindische Ruhmsucht, blinde Überhebung, grobe Unwissenheit, ihre herzlose Gesinnung gegen andere Völker, ihre sträfliche Kriegsfurie, die gallischen Erbsünden haben als πρῶτον ψεῦδος die heutige Katastrophe heraufgeführt, sie sind der letzte und wahre Grund, weshalb wir vor den weitaufgerissenen Pforten des Janustempels stehen, zwar unverzagten, doch bangen Herzens; denn niemand weiß, welch bitteres Leid sein unheimliches Dunkel ihm aufbewahrt."

Diese Worte erfuhren eine kurze Ergänzung durch die kurz nach der Gründung des Reiches in der Friedrichs-Sitzung der Akademie der Wissenschaften gehaltene Rede „Das Kaiserreich und der Friede".

Natürlich ist ihm der Inhalt beider Reden in Frankreich stark verdacht worden, wovon er z. B. beim Besuche des Internationalen Elektrikerkongresses auch persönlich in nicht ganz angenehmer Weise sich zu überzeugen die Gelegenheit hatte. Ohne auf weiterhin ihm zugeschriebene Äußerungen in dieser Angelegenheit, die wohl ebenso apokryph sind, wie die Mystifikation, durch die er nach dem Tod zum Verfasser eines antisemitischen Pamphletes gestempelt werden sollte, hier näher einzugehen, sei nur die Bemerkung wiedergegeben, die er selbst der Rede über den deutschen Krieg in der Gesamtausgabe seiner Reden unter Nr. 4 beigegeben hat:

„Als ich am Morgen nach dem Bekanntwerden der Kriegserklärung den Hörsaal betrat, fand ich meine Zuhörer gruppenweise umherstehend in erregtem Gespräch und anscheinend wenig aufgelegt, einem physiologischen Vortrage zu folgen. „Vergessen Sie, meine Herren," sagte ich, „daß ich einen französischen Namen habe, und lassen Sie uns an die Arbeit gehen". Beim Weitererzählen wurden diese Worte so verdreht, als hätte ich gesagt, ich schäme mich meines französischen Namens. Die französische Presse, welche sich über meine wahren Worte nicht hätte wundern dürfen, da es in jenen Tagen lebensgefährlich war, in den Pariser Straßen als Deutscher erkannt zu werden, bemächtigte sich der entstellten Version, verbreitete sie weithin und pflanzte sie jahrelang fort. Meine Bemühungen, der so entstandenen Sage gegenüber die geschichtliche Wahrheit herzustellen, hatten natürlich nur in engen Kreisen Erfolg und trotz der gelegentlich von mir abgegebenen feierlichen Versicherung (Revue scientifique de la France et de l'Étranger, 5 février 1881, p. 188, 189), gelte ich, der treueste Freund, den Frankreich im Auslande haben kann, zu meinem Schmerze noch immer vielen Franzosen für eine Art von Nationalfeind. Einige junge Leute, insbesondere Herr R. Blanchard, gefallen sich darin, die Verleumdungen gegen mich aufrechtzuerhalten. Sie suchen wohl durch solche Betätigung ihres Patriotismus sich ein Ansehen zu verschaffen, welches ihnen auf Grund ihrer wissenschaftlichen Leistungen versagt bliebe."

Daß Emil du Bois-Reymond seine Bewunderung der Vorzüge mit Erkenntnis der Schattenseiten auch bei der englischen Nation zu paaren wußte, für deren Kultur seine Gattin, wie wir sahen, eine besondere Vorliebe als Mitgift mitgebracht hatte, davon zeugt, außer einigen Stellen der Rede über Friedrich II. in englischen Urteilen, auch der interessante Bericht über die Britische Naturforscherversammlung zu Southampton im Jahre 1882, den er in der „Deutschen Rundschau" veröffentlicht hat. In ihr ist sein Interesse und seine geradezu fachwissenschaftliche Berichterstattung alles Technischen hervorragend, die mit einer Verherrlichung der Leistungen der beiden Brüder Siemens beginnt, wobei bemerkenswert ist, daß er mit seiner damaligen Prophezeiung recht behalten hat, die elektrisch betriebene Eisenbahn, die bis damals nur Lichterfelde mit der Kadettenanstalt, Charlottenburg mit Westend verband, werde in Städten, Tunneln u. ä. sicher zur Herrschaft gelangen. Auch finden sich im Hinblick auf Eisenbahntechnisches die folgenden, den Physiologen kennzeichnenden interessanten Bemerkungen du Bois' als Sitzungsberichterstatters:

„Es war ein witziges Spiel des Zufalls, daß in der Sektion G für mechanische Wissenschaft der Architekt der Forthbrücke Mr. John Fowler, im Gegensatz zu Professor Boyd Dawkins wildem Flußbettmenschen und Sir Richards kaum zahmeren Mongolen, das Bild des modernen Zivilingenieurs zeichnete, als eines erst durch die zweite Hälfte des neunzehnten Jahrhunderts gezeitigten hohen Menschentypus. In der klassischen Schilderung der Tätigkeit eines Ingenieurs, welche der bedeutende Wasserbaumeister Thomas Telford vor mehr als fünfzig

Jahren entwarf, fehlen noch die Eisenbahn mit der Dampflokomotive und die technischen Anwendungen der Elektrizität. Das merkwürdigste Buch unserer Zeit ist ohne Frage Bradshaws Railway-Guide. Legen wir es manchmal verwirrt beiseite, so bedenke man, welch unbegreifliches Rätsel es unseren Voreltern gewesen wäre. 1763 fuhr zwischen London und Edinburgh eine Postkutsche vierzehn Tage lang mit der mittleren Geschwindigkeit von fünfviertel englischen Meilen in der Stunde. Bei der Eröffnung der Bahn zwischen Liverpool und Manchester am 15. September 1830 überstieg die Geschwindigkeit selten zehn Meilen. Jetzt legt man an die vierhundert Meilen zwischen London und Edinburgh auf dem Great Northern Railway in neun Stunden zurück, mit der mittleren Geschwindigkeit von siebenundvierzig Meilen. Vor wenigen Monaten aber fuhr der Herzog von Edinburgh in genau drei Stunden von Leeds nach London: Entfernung 186 3/4 Meilen, mittlere Geschwindigkeit, mit Berücksichtigung eines Aufenthaltes, über zweiundsechzig Meilen in der Stunde, oder 27·72 Meter in der Sekunde. Dies dürfte die größte, je irgendwo erreichte Geschwindigkeit sein. Es ist zugleich, fügt der Berichterstatter hinzu, fast genau die von Helmholtz gefundene Geschwindigkeit der Reizung der Nerven. Streckt ein im Zuge rückwärts sitzender Reisender die Hand vor sich hin und bewegt die Finger, so steht das Nervenagens in seinem Arme still im Raum, weil die Bewegung des Zuges das Fortschreiten der Reizung gerade aufhebt".[1])

---

[1]) Die Fortpflanzungsgeschwindigkeit der Erregung, wie man sich jetzt meist ausdrückt, im Bewegungsnerven des Menschen ist heute immerhin als wesentlich größer festgestellt; sie beträgt 80 bis 100 Meter in der Sekunde — ein Wert, der schon damals aus gewissen Versuchen Helmholtz' am Menschen hervorzugehen schien. Die von du Bois-

Wertvoll für die Geschichte und Kritik des akademischen Unterrichts sind die Rektoratsrede von 1869: „Über Universitätseinrichtungen" und die schon erwähnte Institutseröffnungsrede von 1877: „Der physiologische Unterricht sonst und jetzt". Von größter Bedeutung für das Verhältnis der Geschichte und der übrigen sogenannten Geisteswissenschaften zur Naturwissenschaft, ja, meines Erachtens mehr als andere kennzeichnend für du Bois-Reymond als Begründer einer wahrhaft naturwissenschaftlichen Weltanschauung, sind: die Akademierede von 1872 „Über Geschichte und Wissenschaft" und der in Köln vor einem Forum von Lehrern höherer Schulen 1877 gehaltene Vortrag über „Kulturgeschichte und Naturwissenschaft" mit seinen acht Abschnitten: 1. Die Urzeit als Zeitalter der unbewußten Schlüsse; 2. Das anthropomorphe Zeitalter; 3. Das spekulativ-ästhetische Zeitalter; 4. Das scholastisch-asketische Zeitalter; 5. Der Ursprung der neueren Naturwissenschaft; 6. Das technisch-induktive Zeitalter; 7. Die der heutigen Kultur drohenden Gefahren; 8. Die preußische Gymnasialbildung im Kampfe mit der vorschreitenden Amerikanisierung.

Die beiden letzten Abschnitte wird man gerade in diesen Zeiten sogenannter grundstürzender Umwälzungen mit besonderem Interesse und sehr eigenartigen Gefühlen lesen, angesichts der Rücksichtslosigkeit, mit der die Wirklichkeit über alle Befürchtungen und Prophezeiungen eines Wissenschaftlers binnen wenigen Jahrzehnten hinwegschreitet. Der gesamte Inhalt, besonders auch des sechsten

---

Reymond hier gemeinte Leitungsgeschwindigkeit, die der Fahrschnelligkeit 100 km in der Stunde leistender Züge entspricht, ist für den Frosch richtig. Heute erreichen Automobile und Flugzeuge ja noch wesentlich höhere Geschwindigkeiten.

Anm. des Verfassers.

Kapitels, atmet die objektive Anschauung, die der Historiker überhaupt und der Historiker der Wissenschaften ganz besonders benötigt; einige Stellen drücken die Beziehungen der Geschichte der Wissenschaften und der Kultur zur allgemeinen Geschichte so unübertrefflich aus, daß ich auch ihre wörtliche Wiedergabe mir hier nicht versagen kann:

„Kaum hatte der menschliche Geist, der Schaukelwelle der Spekulation und dem Mare tenebrosum der scholastischen Theologie entronnen, einen Fuß auf das Gestade der induktiven Naturforschung gesetzt, so durchflog er im Triumph eine Bahn, welche mit einem Schwunge ihn der Idee nach auf die höchste ihm beschiedene Höhe trug, denn nur fünfzig Jahre trennen Galileis Discorsi von dem Erscheinen der Newtonschen Principia und von der Formulierung der Erhaltung der Kraft durch Leibniz in demselben Jahre, 1686.

So stieg in rascher Folge der geographischen, astronomischen, physikalischen, chemischen Entdeckungen endlich das Zeitalter herauf, in dessen Segnungen wir leben. Wir nennen es das technisch-induktive, weil seine Erfolge darin wurzeln, daß in der Naturwissenschaft der Spekulation obgesiegt hat die Induktion, die μέθοδος ἐπακτική, die Methode des Darauf-sich-hin-führen-lassens; von der es so schwer hält, den Außenstehenden als von einer besonderen Methode eine Vorstellung zu geben, indem sie, genau genommen, nichts ist als der auf die jedesmalige Aufgabe angewendete gesunde Menschenverstand.

Diese neue Gestaltung des Lebens der Menschheit zu verfolgen, ist so tröstlich und erhebend, wie es schmerzlich und niederdrückend war, ihrer Knechtung durch die Geschöpfe ihrer Einbildungskraft während der „finsteren Zeiten" beizuwohnen. Ja, wer könnte es leugnen: wenn man die ganze Menschengeschichte im Geiste an sich vorbeigehen läßt, bietet sich mit Ausnahme der hellenischen Blüte, die so vergänglich war, wie das Schöne zu sein pflegt, kein edleres Schauspiel als das, welches nun sich zu entrollen beginnt und noch unter unseren Augen täglich reicher sich entfaltet.

Da erblicken wir eine ganz andere Weltgeschichte, als die, welche gewöhnlich diesen Namen trägt und uns von nichts erzählt, als vom Steigen und Fallen der Könige und Reiche, von Verträgen und Erbstreitigkeiten, von Kriegen und Eroberungen, von Schlachten und Belagerungen, von Aufständen und Parteikämpfen, von Städteverwüstungen und Völkerhetzen, von Morden und Hinrichtungen, von Palastverschwörungen und Priesterränken; welche uns nichts zeigt, als im Kampf Aller gegen Alle das trübe Durcheinanderwogen von Ehrgeiz, Habsucht und Sinnlichkeit, von Gewalt, Verrat und Rache, von Trug, Aberglaube und Heuchelei. Nur in langen Zwischenräumen wird dieses düstere Gemälde erhellt durch ein wohltuendes Bild echter Herrschergröße und friedlichen Gedeihens, öfter durch herzerhebende Züge eines nur leider meist vergeblichen Heldenmutes. Denn wohin führt zuletzt dieser Weg durch Bäche von Tränen und durch ein Meer von Blut? Ist in der bürgerlichen Geschichte, durch in ihr selber waltende Kräfte, ein stetiger Fortschritt ersichtlich? Werden die Könige weiser, gemäßigter die Völker? Scheint nicht vielmehr die Geschichte nur da, damit man aus ihr lerne, daß man aus ihr nichts lernt? Erstieg während so vieler Jahrhunderte, bis der heutige Tag anbrach, die Menscheit in sicherer Folge höhere Stufen der Freiheit, Sittlichkeit, Macht, Kunst, des Wohlstandes und Wissens? Ist es nicht vielmehr eine Sisyphosarbeit, die jene Geschichte uns zeigt, und liegt nicht schon im Begriff einer Kulturepoche, daß sie dem Untergange geweiht ist?

Und doch gab es, bis vor nicht gar langer Zeit, nur diese Art der Geschichte, ja die Menge wird nie eine andere kennen. Das ungeheure Schicksalsspiel, in welchem um Güter gewürfelt wird, deren Wert jeder begreift, und das dabei sich enthüllende Gewühl der Leidenschaften, dies vom Genie der Menschheit selber gedichtete und von ihr aufgeführte Drama ist nicht allein voll der tiefsten, wenn auch selten befolgten Lehren, es zieht auch das unbefangene Gemüt unwiderstehlich an.

Aber man denke sich einen Augenblick den unendlichen Raum, und im unendlichen Raume verteilt Nebel chaotischer Materie, Sternhaufen, Sonnensysteme; man denke sich, als verschwindenden Punkt in dieser Unendlichkeit, unsere Sonne in unbekannte Himmelsräume stürzend, um sie her die Planeten, jeden in seiner Bahn rollend, den Riesenball Jupiter mit seinen Monden, mit seinen Ringen Saturn. Wieder als Punkt in diesem System denke man sich unsere Erde mit Sternschnuppen-Geschwindigkeit durch den Weltraum stürzend und von Nacht zu Tag, von Tag zu Nacht um ihre Achse sich wälzend, „Fels und Meer fortgerissen in ewig schnellem Sphärenlauf". Man vertiefe sich in Gedanken in ihr feuriges Innere, man lasse ihr Werden in großen Zügen an sich vorübergehen. Nach unermeßlichen Zeiträumen ist an ihrer Oberfläche Lavaglut bewohnbaren Zuständen gewichen, Reihen um Reihen von Lebendigen lösen einander ab, endlich im Dämmerschein der Sage, neuerlich erhellt durch die prähistorischen Funde, beginnt die Kunde unseres Geschlechts.

Wir wollen diese der anthropozentrischen entgegengesetzte Art, die Vorgänge auf Erden zu betrachten, archimedische Perspektive nennen, weil wir dabei geistig einen Standpunkt außerhalb der Erde wählen, wie Archimedes materiell einen verlangte, um die Erde zu bewegen.

Wie armselig und unbedeutend erscheinen so gesehen die irdischen Dinge! Wie kleinlich alle jene Ereignisse, denen wir gewöhnt sind, solche Wichtigkeit beizulegen, daß wir sie unter dem stolzen Namen Weltgeschichte zusammenfassen, da sie doch nichts sind als zur einen Hälfte Kriegsgeschichte, zur anderen Geschichte der Wahnvorstellungen einiger Kulturvölker! Wie eitel und töricht die Kämpfe um einen Fetzen Land, um blutige Lorbeeren! Inmitten des erhabenen Schauspiels des Weltalls, welches uns vor Augen steht, möchte man nicht dem endlos um armselige Scheingüter hadernden Geschlechte Versöhnung und Eintracht zuherrschen? Und nun vollends, wie seltsam nehmen sich aus archimedischer Perspektive die Fieberträume der Menschheit von einem Aufenthalt höherer Wesen dort oben irgendwo im eisigen, äthererfüllten, kraftdurchzitterten, meteoritendurchschossenen Weltraum aus! Wie gänzlich wahnsinnig ihr Beginnen, wenn eine Versammlung der ernstesten, gelehrtesten, tiefstdenkenden Männer ihrer Zeit über Wesensgleichheit oder Wesensähnlichkeit von Vater und Sohn zu Rate sitzt! Wie lächerlich, wäre sie nicht so tragisch, die Szene von Galileis Abschwörung, wenn man ihn und seine Richter „im ewig schnellen Sphärenlauf“ mit fortgerissen sich denkt! Aber ach, wie doppelt gräßlich eine Bluthochzeit, jene „Glaubenshandlungen“, deren Scheußlichkeit in Michael Servets und Giordano Brunos Scheiterhaufen gipfelt! Für die Gegenstände der Verehrung, welchen diese Hekatomben gebracht wurden, zeigt sich vom archimedischen Standpunkt aus kein Platz im unendlichen Raum, und sie werden wohl in die vierte Dimension zu verweisen sein.

Wahrlich, in dieser sogenannten Weltgeschichte gibt es nur eine Leuchte, welche aber bisher nicht oft hineingetragen wurde, das ist die Lehre von den Völkerpsychosen.

Wie oft bei Geisteskrankheiten der einzelnen, hält es auch hier schwer, die Grenze zu ziehen zwischen Verrücktheit und Bosheit. Der kleinen Schar aber, die von geistiger Klippe aus das Treiben hienieden archimedisch beschaut, ist nicht zu verdenken, wenn als wahre Geschichte des Menschengeschlechtes ihr die erscheint, welche neben allen jenen Wechselfällen, Greueln und Verirrungen uns seine allmähliche Erhebung aus halber Tierheit, seinen Fortschritt in Künsten und Wissenschaften, seine wachsende Herrschaft über die Natur, seinen täglich sich mehrenden Wohlstand, seine Befreiung aus den Fesseln des Aberglaubens, mit einem Worte, seine stetige Annäherung an die Ziele vorführt, welche den Menschen zum Menschen machen. In Staatenbildung und Kriegführung, deren unersprießlich einförmigen Wellenschlag die bürgerliche Geschichte spiegelt, hat die Menschheit noch Vorbilder in der wirbellosen Tierwelt, eine Kulturgeschichte weist nur sie auf. Pferd und Eisen nennt Hegel die „absoluten Organe, wodurch eine gegründete Macht herbeizuführen ist". Wir dagegen meinen, Naturwissenschaft ist das absolute Organ der Kultur, und die Geschichte der Naturwissenschaft die eigentliche Geschichte der Menschheit."

V.

EMIL DU BOIS-REYMOND UND DIE NATURWISSENSCHAFTLICHE WELTANSCHAUUNG.

VIELES von dem hier Wiedergegebenen ist gewissermaßen die Nutzanwendung, anderes steht in Gegensatz zu den Überlegungen und Anschauungen, die Emil du Bois-Reymond in denjenigen drei oder vier Aufsätzen und Reden niedergelegt hat, die ihn in allerweitesten Kreisen der Gelehrten und des gebildeten und halbgebildeten

Publikums berühmt gemacht haben, die zu vielfacher Verkennung und ungerechter Verurteilung seines Auftretens geführt haben, deren Richtigkeit, Schlagkraft und Einwandfreiheit aber gerade heute in der Zeit der in ungeahntem Maße wieder auflebenden mystischen und okkultistischen Neigungen nicht genug betont werden kann, selbst auf die Gefahr hin, daß deren Anhänger sich gerade darauf berufen.

Mit der Überschrift „Über die Lebenskraft" hat du Bois selbst einen Teil der Vorrede zu seinen Untersuchungen über tierische Elektrizität vom März 1848 an die Spitze seiner gesammelten Reden gesetzt. Durchdrungen von der Aufgabe physiologischer Forschung, sich als letztes Ziel die restlose Erklärung der Lebenserscheinungen aus den Gesetzmäßigkeiten der Physik und Chemie zu setzen, die auch die unbelebte Natur beherrschen, greift er schonungslos die Vorstellung von einer besonderen Lebenskraft an, wie sie in Verfolg der Lebensgeister des Altertums, des „Archaeus" Theophrast von Hohenheims, des „Blas" J. B. van Helmonts, um die Wende des neunzehnten Jahrhunderts Bordeu, Bichat und Reil gebildet hatten. Auch du Bois' eigener Lehrer, Johannes Müller, der Meister deutscher Biologie, war noch völlig in der Überzeugung der Existenz jener besonderen Kraft befangen gewesen, welche du Bois-Reymond schonungslos in ihrer Unwahrscheinlichkeit mit den folgenden Worten kritisiert: „Diese Kraft bewohnt den ganzen Körper, ihr unbewußt-bewußtes Wesen treibend auf dem geheimnisvollen, ja übersinnlichen Hintergrunde eines Schauplatzes, auf dessen äußerster Vorbühne allein alles sinnlich Erreichbare, Erklärliche spielt. Sie ist im Innersten verschieden von den in der unorganischen Natur waltenden physikalischen und chemischen Kräften und den ohnmächtigen Methoden unzugänglich, welche deren Wirkungen durchschaut haben. Dennoch vermag sie mit diesen Kräften in Konflikt zu geraten, und sie müssen sich vor ihr beugen. Gesetze kennt sie nicht; ihr ist gegeben, zu binden und zu lösen, wie ihr gefällt. Sie bemächtigt sich der eingeführten Nahrung, macht sie zu belebter Materie, verwendet sie eine Zeitlang zu ihren Zwecken und stößt das untauglich Gewordene wieder von sich. Sie widersteht während des Lebens der feindseligen Gefräßigkeit des Sauerstoffes, der nach unserer Kohle lechzt. Sie verbietet der Fäulnis Platz zu greifen, solange sie Herr im Hause ist. Nach dem Tode zieht sie sich bescheiden und ohne daß eine Spur von ihr übrig bliebe hinter die Kulissen zurück. Bei der Fortpflanzung aber überträgt sie sich, ohne selber etwas einzubüßen, auf den Keim des neuen Geschöpfes, in welchem sie, wie im Samenkorn, im unbebrüteten Ei, lange schlummern kann, wie sie denn auch in Scheintod und Narkose latent geworden ist. Einerseits dem geheimnisvollen, in den Nerven wirksamen Prinzip, der Muskelkraft, auch wohl der tierischen Wärme und der Elektrizität verwandt, oft mit ihnen verwechselt und für den letzten Grund der tierischen Bewegungen ausgegeben, ist sie andererseits mit der bewußten Seele so eng verschwistert, daß sie manchen nur für eine verschiedene Erscheinungsweise derselben gilt. Diese Dienstmagd für alles besitzt übrigens sehr mannigfaltige Kenntnisse und Fertigkeiten. Denn sie leitet die Entwicklung und organisiert nach vorbestimmtem Plane; sie baut nach allen Regeln der Mechanik, Physik und Chemie Sinnes-, Bewegungs- und Verdauungswerkzeuge; sie assimiliert, sezerniert, resorbiert und unterscheidet dabei das Heilsame vom Gifte, das Nützliche vom Unbrauchbaren; sie heilt Wunden und Krankheiten und macht Krisen; endlich aus jedem

Stücke des zerschnittenen Polypen reproduziert sie ein neues Individuum, ja sie ergänzt das abgesetzte Bein des Salamanders.“

Um die Unhaltbarkeit einer solchen Vorstellung zu zeigen, geht er auf Begriffsbestimmung und Einheitlichkeit von Materie und Kraft, auf die Gesetze ihrer Erhaltung, die ihm durch die nahen Beziehungen zu Helmholtz besonders geläufig waren, näher ein: Hier findet sich der viel zitierte Satz: „Ein Eisenteilchen ist und bleibt ein und dasselbe Ding, gleichviel ob es im Meteoriten den Weltkreis durchfliegt, im Dampfwagenrade auf den Schienen dahinschmettert oder in der Blutzelle durch die Schläfe eines Dichters rinnt.“... „Die Scheidung zwischen der sogenannten organischen und unorganischen Natur ist eine ganz willkürliche. Diejenigen, welche sie aufrecht zu erhalten streben, welche die Irrlehre von der Lebenskraft predigen, unter welcher Form, welcher täuschenden Verkleidung es auch sei, solche Köpfe sind, mögen sie sich deswegen für versichert halten, nie bis an die Grenzen unseres Denkens vorgedrungen.“ Und: „Der Erhaltung der Kraft widersprechen offenbar ein paar Hauptzüge von der Lehre von der Lebenskraft, wie man sie gewöhnlich vortragen hört. Denn sie soll bei der Fortpflanzung ohne Verlust übertragen und dergestalt ins Unbegrenzte vermehrt werden. Im Tode soll sie, ohne entsprechende an ihrer Stelle auftretende Wirkung, ein unbedingtes Ende nehmen, um den gemeinen physikalischen und chemischen Kräften das Feld zu räumen. Beides ist, wie man leicht bemerkt, mit der Erhaltung der Kraft unvereinbar.“ Helmholtzens exakte Leistungen zur Muskelmechanik, seine Messung der Nervenleitungsgeschwindigkeit, Ludwigs, Volkmanns, Vierordts und Mareys Ausgestaltung der Blutbewegungslehre, endlich du Bois’ eigene bioelektrische

Entdeckungen ließen ihn prophezeien: „Die Physiologie wird ihr Schicksal erfüllen. Wie man den Verlauf einer Kurve, von der ein Stück gegeben ist, darüber hinaus ins Unbekannte verfolgt, so läßt sich in der Geschichte aus der Vergangenheit die Zukunft am sichersten erschließen. Betrachtet man den Entwicklungsgang unserer Wissenschaft, so ist nicht zu verkennen, wie das der Lebenskraft zugeschriebene Gebiet von Erscheinungen mit jedem Tage mehr zusammenschrumpft, wie immer neue Landstriche unter die Botmäßigkeit der physikalischen und chemischen Kräfte geraten. Es kann daher nicht fehlen, um ein in dem Augenblicke, wo ich dieses schreibe, naheliegendes Gleichnis zu wählen, es kann nicht fehlen, daß dereinst die Physiologie, ihr Sonderinteresse aufgebend, ganz aufgeht in die große Staateneinheit der theoretischen Naturwissenschaften, ganz sich auflöst in organische Physik und Chemie; und es kann sich nur darum handeln, ob sie fortfahren will, eine doch schon verlorene Stellung mit zähem Unverstande zu verteidigen, oder ob sie nicht lieber, das Unvermeidliche erkennend und beizeiten darin sich fügend, dem Gange des Geschickes mit Bewußtsein entgegenkommen soll."

Durch den von Adolf Fick, B. Danilewsky und Blix geführten Nachweis der Richtigkeit der Lehren der Thermodynamik an der Muskelmaschine, durch den von der Münchener Schule der Ernährungsphysiologie gelieferten ziffernmäßigen Beweis der Richtigkeit der Erhaltung der Materie und auch der Energie (M. Rubner) am ganzen tierischen und menschlichen Organismus schien in der Tat das Phantom der Lebenskraft für immer aus der wissenschaftlichen Diskussion verbannt zu sein; und ihr Wiedererscheinen in mehr oder weniger ausgesprochener oder verkappter Form gegen Ende des Jahrhunderts, als der Würzburger Pathologe Rindfleisch, der Baseler

Physiologe Bunge und der Heidelberger Philosoph Driesch offen erklärten, daß die bekannten und erforschbaren Gesetze der unbelebten Natur zur Erklärung der Lebenserscheinungen allein nie ausreichen würden, forderte schließlich du Bois-Reymond zu der berühmten Antikritik heraus, die seine vorletzte Akademierede zur Leibnizsitzung 1894 unter dem Titel „Über Neovitalismus“ ausfüllt. Er weist hier nach, daß dessen Anhänger im Grunde in genau dieselben Fehler verfallen sind, wie seinerzeit die Anhänger der alten Lebenskraft, und daß er selbst von ihnen falsch verstanden worden sei, indem sie sich auf sein berühmtes „Ignorabimus“ beriefen, dem wir nunmehr noch einige Worte zu widmen haben.

In dem berühmtesten seiner vor einem größeren Publikum gehaltenen Vorträge, nämlich dem in der zweiten allgemeinen Sitzung der 45. Deutschen Naturforscherversammlung in Leipzig 1872 gehaltenen Vortrag „Über die Grenzen des Naturerkennens“, hat du Bois-Reymond das Bekenntnis zu einer echt naturwissenschaftlichen Weltanschauung geliefert, soweit es zu jener Zeit möglich und bei dem Manne zu erwarten war, welcher 30 Jahre vorher die restlose Erklärung alles organischen Geschehens durch Physik und Chemie auf seine Fahne geschrieben und durch sein vielfach offen atheistisches Auftreten sich in den Ruf des Hauptverfechters des sogenannten naturwissenschaftlichen Materialismus gebracht hatte: Um so mehr Aufsehen erregte, wenn es auch keinem echten Biologen unerwartet kommen konnte, das in diesem Vortrag niedergelegte Bekenntnis. Indem du Bois-Reymond von der Frage ausgeht, was Naturerkennen überhaupt sei und indem er Kants Behauptung, „daß in jeder besonderen Naturlehre nur so viel eigentliche Wissenschaft angetroffen werden könne, als darin Mathematik anzutreffen sei“, dahin verschärft, daß für Mathematik Mechanik der Atome gesetzt werden müsse, versetzt er sich auf eine Stufe der Naturerkenntnis, auf welcher der ganze Weltvorgang durch eine einzige mathematische Formel vorgestellt würde, besser gesagt, durch ein unermeßliches System simultaner Differentialgleichungen, aus dem sich Ort, Bewegungsrichtung und Geschwindigkeit eines jeden Atoms im Weltall zu jeder Zeit ergäbe. Von diesem „Geiste des Laplace" ist der gegenwärtige menschliche Geist nur gradweise verschieden: „Ja, es ist die Frage, ob ein Geist wie der Newtons von dem Laplaceschen Geist sich vielmehr unterscheidet, als vom Geiste Newtons der Geist eines Australnegers, der nur bis drei, eines Buschmannes, der nur bis zwei zählt, oder eines Chiquitos, der gar keine Zahlwörter besitzt". Zwei Stellen sind es nun aber nach du Bois-Reymond, wo auch der Laplacesche Geist vergeblich trachten würde, weiter vorzugehen, vollends wir stehen zu bleiben gezwungen sind. Die erste ist das Wesen von Materie und Kraft, da bei der ersten von der Teilbarkeit ausgegangen wird, die irgendwo „bei vermeintlichen philosophischen Atomen stehen bleibt, die nicht weiter teilbar, vollkommen hart und doch an sich wirkungslos und nur Träger von Zentralkräften sein sollen. So verlangen wir, daß eine Materie, die wir uns unter dem Bilde der Materie denken, wie wir sie handhaben, neue, ursprüngliche, ihr eigenes Wesen aufklärende Eigenschaften entfalte, und dies, ohne daß wir irgend ein neues Prinzip einführen... Zwar würde dem Laplaceschen Geiste seine Formel den Urzustand der Dinge enthüllen; träfe er aber die Materie vor unendlicher Zeit im unendlichen Raume ruhend und ungleich verteilt an, so wüßte er nicht, woher die ungleiche Verteilung; träfe er sie schon bewegt an, so wüßte er nicht, woher die Bewegung. In beiden Fällen bliebe sein Kausalitätsbedürfnis unbefriedigt. Vielleicht, ja wahrscheinlich, ist die schon von Aristoteles erörterte Frage nach dem Anfang der Bewegung einerlei mit der Frage von dem Wesen von Materie und Kraft." Nur dem jetzigen Menschengeiste unerklärlich ist nach du Bois-Reymond der Ursprung des Organischen, die Herkunft des Lebens auf der Erde; der Laplacesche Geist im Besitze der Weltformel könnte es sagen, für ihn böte der Anblick der gesamten Pflanzenwelt nichts dar als bewegte Materie ... „Allein es tritt nunmehr an irgend einem Punkte der Entwicklung des Lebens auf Erden etwas Neues, bis dahin Unerhörtes auf, etwas wiederum gleich dem Wesen von Materie und Kraft und gleich der ersten Bewegung Unbegreifliches. Dies ist das Bewußtsein." Durch das, was du Bois-Reymond astronomische Kenntnis eines materiellen Systems nennt, nämlich solche Kenntnis aller seiner Teile, ihrer gegenseitigen Lage und ihrer Bewegung, daß ihre Lage und Bewegung zu irgend einer vergangenen und zukünftigen Zeit mit derselben Sicherheit berechnet werden können wie Lage und Bewegung der Himmelskörper bei vorausgesetzter unbedingter Schärfe der Beobachtung und Vollendung der Theorie, würde Muskelverkürzung, Absonderung in der Drüse, Schlag des elektrischen Organes, Flimmerbewegung, Wachstum und Chemismus der Zellen in der Pflanze, Befruchtung und Entwicklung des Eies usw. uns alles so durchsichtig gemacht, wie die Bewegung der Planeten. Machen wir dagegen dieselbe Voraussetzung astronomischer Kenntnis für das Gehirn des Menschen oder auch nur für das Seelenorgan des niedersten Tieres, dessen geistige Tätigkeit auf Empfinden von Lust und Unlust oder auf Wahrnehmung nur einer Qualität sich beschränken mag, so wird zwar in bezug auf alle darin stattfindenden materiellen

Vorgänge unser Erkennen ebenso vollkommen sein und unser Kausalitätstrieb sich befriedigt fühlen, wie in bezug auf Zuckung oder Absonderung bei astronomischer Kenntnis von Muskel und Drüse... Was aber die geistigen Vorgänge selber betrifft, so zeigt sich, daß sie bei astronomischer Kenntnis des Seelenorganes uns ganz ebenso unbegreiflich wären wie jetzt. Im Besitze dieser Kenntnis ständen wir vor ihnen wie heute als vor etwas völlig unvermittelten. Die astronomische Kenntnis des Gehirns, die höchste, die wir davon erlangen können, enthüllt uns darin nichts als bewegte Materie. Durch keine zu ersinnende Anordnung oder Bewegung materieller Teilchen aber läßt sich eine Brücke ins Reich des Bewußtseins schlagen..." „Der unlösliche Widerspruch, in welchem die mechanische Weltanschauung mit der Willensfreiheit und dadurch unmittelbar mit der Ethik steht, ist sicher von großer Bedeutung. Der Scharfsinn der Denker aller Zeiten hat sich daran erschöpft und wird fortfahren, daran sich zu üben. Abgesehen davon, daß Freiheit sich leugnen läßt, Schmerz und Lust nicht, geht dem Begehren, welches den Anstoß zum Handeln und somit erst Gelegenheit zum Tun oder Lassen gibt, notwendig Sinnesempfindung voraus. Es ist also das Problem der Sinnesempfindung und nicht, wie ich einst sagte, das der Willensfreiheit, bis zu dem die analytische Mechanik reicht." Indem der Redner schließlich die Frage streift, ob die beiden Grenzen unseres Naturerkennens nicht vielleicht die nämlichen wären, und diese Vorstellung für die einfachste erklärt, schließt er mit den Worten: „Gegenüber den Rätseln der Körperwelt ist der Naturforscher längst gewöhnt, mit männlicher Entsagung sein „Ignoramus" auszusprechen. Im Rückblick auf die siegreiche Bahn trägt ihn dabei das stille Bewußtsein, daß, wo er jetzt nicht weiß, er wenigstens unter Umständen wissen könnte und dereinst vielleicht wissen wird. Gegenüber dem Rätsel aber, was Materie und Kraft seien, und wie sie zu denken vermögen, muß er ein für allemal zu dem viel schwerer abzugebenden Wahrspruch sich entschließen:

„Ignorabimus“.“

Angesichts des ihm selbst unerwarteten gewaltigen Aufsehens, welches dieses Bekenntnis erregte, und angesichts der Angriffe hervorragender Männer, wie besonders des einstigen Theologen David Friedrich Strauß sowie Ernst Haeckels, des Verkünders eines rein materialistischen Monismus und Verfechters der Darwinschen Lehre bis in ihre äußersten Konsequenzen, hat Emil du Bois-Reymond zu diesem Gegenstande noch einmal das Wort ergriffen in seiner acht Jahre später in der Leibniz-Sitzung der Preußischen Akademie der Wissenschaften gehaltenen Rede „Die sieben Welträtsel“. Ihr erstes ist das Wesen von Materie und Kraft, das zweite der Ursprung der Bewegung; beide Schwierigkeiten erscheinen dem Redner transzendent; nicht so, wie wir wissen, die dritte Schwierigkeit, nämlich die erste Entstehung des Lebens. Ebensowenig transzendent ist ihm die vierte Schwierigkeit, die anscheinend absichtslos zweckmäßige Einrichtung der Natur. Um so mehr ist es die fünfte, seine andere Grenze des Naturerkennens, das Entstehen der einfachen Sinnesempfindungen. Nicht mit voller Überzeugung stellt er als sechste Schwierigkeit das vernünftige Denken und den Ursprung der damit eng verbundenen Sprache auf. Zwischen Amöbe und Mensch, zwischen Neugeborenem und Erwachsenem ist sicher eine gewaltige Kluft; sie läßt sich aber bis zu einem gewissen Grade durch Übergänge ausfüllen. Das siebente Welträtsel ist die Frage der

Willensfreiheit, über die er sich hier mit Haeckel und einigen französischen Philosophen sowie mit Strauß auseinandersetzt. „Daß die sieben Welträtsel hier wie in einem mathematischen Aufgabenbuch hergezählt und numeriert wurden, geschah wegen des wissenschaftlichen Divide et impera. Man kann sie auch zu einem einzigen Problem, dem Weltproblem, zusammenfassen. — Der gewaltige Denker, dessen Gedächtnis wir heute feiern, glaubte dies Problem gelöst zu haben: er hatte sich die Welt zu seiner Zufriedenheit zurechtgelegt. Könnte Leibniz, auf seinen eigenen Schultern stehend, heute unsere Erwägungen teilen, er sagte sicher mit uns:

„Dubitemus“.“

Wir sehen unzweifelhaft, daß der einst hoffnungsfreudige Besieger der Lebensrätsel und erbitterte Pfaffenfeind in Sturm und Drang der Jugendzeit, auf der Höhe des Lebens, da er als Gottesleugner und reiner Materialist verschrien war, sich bereits zu einer Weltanschauung durchgearbeitet hatte, die ihn bis zu seinem Lebensende vor dem Rückfall in einen mystischen Pantheismus bewahrt hat, wie er dem greisen Haeckel mit seinen „Kristallseelen“ nicht erspart geblieben ist. Freilich finden sich in den sorgfältigen Autorenregistern aller seiner Schriften nirgends die Namen Mach und Avenarius zitiert; Wilhelm Ostwalds Versuch, die Materie im Energiebegriff aufgehen zu lassen, drang kaum mehr zu den Ohren des müden Greises, und die wunderbaren Entdeckungen über die Struktur der Materie, die die Strahlenphysik seit Röntgens Entdeckung beschert hat, die heutige Vorstellung vom Bau des Atoms, hat er ja nicht mehr erlebt; aber der Mann, der da schreibt, daß die anscheinenden Widersprüche der Wissenschaft in unserem Unvermögen wurzeln, etwas anderes als mit den äußeren Sinnen entweder oder mit dem inneren Sinn Erfahrenes uns vorzustellen, und daraus die besprochenen Schlüsse ableitet, zählt unstreitig zu den Bahnbrechern der neuzeitlichen Richtung, die das Weltproblem (um mit Josef Petzoldt du Bois-Reymonds Kunstausdruck aufzunehmen) vom relativistisch-positivistischen Standpunkte betrachtet, der einzigen Art des Philosophierens, die heute in der Zeit eines Lorentz, Minkowski und Einstein als diejenige angesehen werden darf, von der eine naturwissenschaftliche Weltanschauung gewonnen werden kann.

VI.
GEMEINNÜTZIGES. FAMILIE. ALTER. TOD UND TRAUERFEIER

WIE um die physiologische Vorbildung der zukünftigen Heilbeflissenen, um die Ausgestaltung des mathematisch-naturwissenschaftlichen Unterrichtes auf den Gymnasien (in der schon erwähnten Rede über Kulturgeschichte und Naturwissenschaft) und um die wissenschaftlich-philosophische Schulung eines weiteren Publikums in Deutschland, so hat sich Emil du Bois-Reymond auch noch auf einem anderen, für den einzelnen und die Allgemeinheit höchst wichtigen Kulturgebiet verdient gemacht. Wir wissen, daß er von Jugend auf ein begeisterter und hervorragender Turner war, und als auch später ein Hüftleiden seinen Gang lähmte, pflegte er im Sommer noch rüstig zu schwimmen. Grundlegend für die Physiologie der Leibesübungen ist seine zur Feier des Stiftungsfestes der militärärztlichen Bildungsanstalten 1881 gehaltene Rede „über die Übung", an deren Schluß er als praktische Folgerung einen Vergleich zwischen dem deutschen Turnen, dem schwedischen Turnen und dem englischen Sport gibt, die in eine begeisterte Würdigung des erstgenannten ausklingt, insofern „der nach deutscher Art durchturnte, jugendliche Leib den ungemeinen Gewinn hat, daß er wie ein tüchtig geschulter Mathematiker mit Methode für jedes Problem, mit bereiten Bewegungsformen für jede Körperlage versehen ist“.

Die Betätigung für das Allgemeinwohl durch Wirken mit Rat und Tat für Unterstützung und Ausbreitung der Leibesübungen sowie durch Lehren der Physiologie als Grundlage für sämtliche Zweige der Heilwissenschaft wurde zur Tradition in seiner Familie. Von seinen vier Söhnen haben zwei, Claude und René, Medizin studiert, während zwei, Allard und Felix, sich mathematischen, bzw. technischen Studien und Berufen zuwandten. Claude du Bois-Reymond war lange in Berlin als Facharzt und Hochschullehrer der Augenheilkunde tätig. Bei der Gründung der Deutschen Medizinschule in Schanghai wurde er als Lehrer der Anatomie und Physiologie dorthin berufen und hat höchst segensreich gewirkt, bis der Machtspruch des Feindbundes die Deutschen aus China vertrieb. René du Bois-Reymond, nach mehrjähriger Betätigung in der Physik und chemischen Technik in dem von seinem Vater begründeten Institut als Assistent der experimentellen Abteilung eingetreten, leitet sie noch heute, wie unter Engelmanns, so unter Rubners Direktorat des Instituts, als Nachfolger des zu früh verstorbenen Paul Schulz und des gleichfalls zu früh dahingerissenen Immanuel Munk, des jüngeren Bruders Hermann Munks, in dessen Institut René einen Teil seiner Fachausbildung genoß und dessen Mission, angehende Tierärzte in der Physiologie zu unterweisen, er in der Neubearbeitung von Steiners und I. Munks Lehrbuch der Physiologie fortgesetzt hat, das auch in Kreisen der Studierenden der Tier- und Zahnheilkunde sehr verbreitet ist. Durch eine

Monographie der Bewegungs- und Gelenklehre hat er ferner auch zur theoretischen Begründung der Leibesübungen beigetragen, für deren praktische Ausgestaltung und ganz besondere Verbreitung in akademischen Kreisen zu wirken er unablässig bemüht ist. Seinem und anderer einsichtiger Männer (mit dem Chirurgen Bier an der Spitze) Bemühen ist die Errichtung der Berliner „Hochschule für Leibesübungen“ zu danken, die dafür sorgen wird, daß die vom siegreichen Feindbund erzwungene Aufhebung der allgemeinen Wehrpflicht das deutsche Volk nicht in körperlicher Übungslosigkeit physisch zurückgehen und die in so langen Jahrzehnten erreichte Ebenbürtigkeit mit den jetzigen „Weltbeherrschern“ wieder einbüßen lassen wird.

Im Laufe seines Lebens hat es Emil du Bois-Reymond nicht an äußeren Ehren gefehlt. So durchlief er die Stufenleiter der Ordensverleihungen, wie sie damals in Preußen und im Reiche üblich war, bis zu den höchsten, die einem verdienten Gelehrten verliehen zu werden pflegten, einschließlich der „großen goldenen Medaille für Wissenschaft“.

Zweimal, im Jahre 1869/70 und 1882/83, war er Rektor der Universität, oftmals Dekan der medizinischen Fakultät. Als solcher hat er zahlreiche Doktoranden promoviert, und diese Formalität, einschließlich der Disputation, erhielt unter seiner Leitung ein feierliches Gepräge, dank der Würde seines Auftretens und der ausdrucksvollen Betonung der feststehenden lateinischen Sätze, die noch heute jedem, der sie erlebt hat, im Ohr klingt und ihn bei aller Anerkennung der heutigen Bestrebungen, überflüssige Zöpfe abzuschneiden, das Verschwinden dieser akademischen Zeremonie mit Wehmut feststellen läßt.

Von den Töchtern des Physiologen heiratete die viertälteste Aimée den hervorragenden, jetzt in Göttingen als Ordinarius wirkenden Mathematiker Runge. Von den jüngeren hat sich Estelle du Bois-Reymond durch die Herausgabe der zweiten Auflage der gesammelten Reden, der Jugendbriefe, durch Übersetzung wichtiger ausländischer Arbeiten auch in Fach- und weiteren Gelehrtenkreisen bekanntgemacht, während hervorragende Leistung in Malerei und Kunstgewerbe und Wirken für den Zusammenhang der sich verzweigenden Familie die anderen drei der Zugehörigkeit zu ihr würdig machten, deren Mittelpunkt die Witwe Emils nach dessen Tode bis zu ihrem Hinscheiden während der Kriegsjahre gebildet hat, indem sie die Mitglieder, so oft und so vollständig es ging, auf dem zu ihrem dauernden Wohnsitz gewordenen früher erwähnten Potsdamer Landhause versammelte.

In den letzten Lebensjahren, in denen die Beschwerden des Alters sich immer merklicher machten, hat Emil du Bois-Reymond außer Lehramt und Akademie, außer der Sorge für seine Familie und allgemeinen Interessen seine Tätigkeit fast unvermindert der im Jahre 1858 gegründeten Berliner Physiologischen Gesellschaft zugewandt, deren Verhandlungen in seiner Archivabteilung erschienen und in deren Vorsitz er sich später mit Hermann Munk, dem Physiologen der tierärztlichen, und Nathan Zuntz, demjenigen der landwirtschaftlichen Hochschule teilte, während Julius Hirschberg jahrzehntelang das Schriftführeramt verwaltete. Diese Gesellschaft, dazu gedacht und geschaffen, ein Mittelpunkt der in Berlin wissenschaftlich arbeitenden Ärzte und Biologen zu sein, erlebte unter seiner würde- und eindrucksvollen Geschäftsführung ihrer Sitzungen ihre Glanzzeit, zu der erstmalige Mitteilungen von der Bedeutung der Entdeckung des Tuberkelbazillus durch Robert Koch u. ä. in ihr gemacht und veröffentlicht wurden. Mit der Ansehnlichkeit ihres mit der Institutsbücherei, in der auch ihre Sitzungen stattfanden, räumlich vereinigten Bücherbesitzes, mit der Zahl und Bedeutung ihrer Mitglieder und der Vielseitigkeit ihrer Leistungen wäre sie wohl dazu berufen gewesen, eine ähnliche, gedeihlich zentralisierende Rolle zu übernehmen wie die Pariser Société de Biologie, wenn nicht die abweichenden allgemeinen und persönlichen Umstände in Deutschland, besonders persönliche und Schulgegensätze, weiterhin halb und halb zufällige Ereignisse dies verhindert und der Weltkrieg mit seinen das wissenschaftliche Vereinsleben störenden Begleiterscheinungen und es erdrosselnden Folgen endgültig derartige Hoffnungen zerstört hätte.

So sahen nicht die Tagungen der inzwischen begründeten Deutschen Physiologischen Gesellschaft, ja kaum die Naturforscherversammlungen eine so recht die Vertreter aller Wissenschaften verkörpernde Zusammenkunft wie seine Trauerfeier, nachdem Emil du Bois-Reymond am zweiten Weihnachtstage 1896 als letzter den Freunden Brücke, Ludwig und Helmholtz gefolgt war. Wie im Blätterwalde, dessen Rauschen sich des schon seltener genannten Meisters in den verschiedensten, nicht immer ganz lieblichen Tönen zu erinnern beliebte, so gemahnten selbst im Hörsaal zu Füßen des Aufgebahrten manche Stimmen an den Widerspruch, den er im Leben zeitweise herausgefordert hatte — so als Rosenthal in seinem Nachruf immer noch eine Attacke gegen die „einseitig chemische Deutung der Alterationstheoretiker" reiten zu müssen glaubte — und anderseits als der Prediger ihn gegen den Vorwurf der Gottlosigkeit schützen wollte, dadurch daß er eine gelegentliche Äußerung des Verstorbenen heranzog: „In einem Saal voller Krebskranker könne unter Umständen die Religion eine bessere Trösterin sein als die Musik." Das waren panegyrisch gutgemeinte Worte, darum aber nicht minder Entgleisungen, da es menschliche

Schwächen waren (von denen auch die allergrößten Männer nimmer frei sind), die ihn in der Verteidigung seiner Molekularhypothese wie in der Betonung des Atheismus und des Philosemitismus entschieden weiter gehen ließen, als es der kritischen Stellungnahme des echten Naturforschers entsprochen hätte, die er bei so vielen anderen Gelegenheiten so unübertrefflich bewährt hat! Und gerade die Ereignisse der letzten acht Jahre, für den glücklichen Besitzer der naturwissenschaftlichen Weltanschauung nicht ganz unerwartet gekommen, die jetzigen Zustände in Mitteleuropa, für den Adepten des erneuten Stoizismus allein erträglich (man sei denn durch Zufall oder eigenen Spürsinn mit Schiebergut gesegnet und habe ihn darum nicht nötig!), sie hämmern uns seine oben zitierten goldenen Worte ein über Völkergeschichte und Wissenschaftsgeschichte, sie reden in tausend Zungen das „Ignorabimus“ und „Dubitemus“ Emil du Bois-Reymonds!

Für den Arzt vollends, ist die Möglichkeit, in kurzen erholenden Augenblicken sich zum „Archimedischen Standpunkt“ zu erheben, die ihm die naturwissenschaftliche Weltanschauung gewährt, der einzige Trost in den jetzigen lieblichen Zeiten, die einzige Hilfe, die ihm ermöglicht, seinen altruistischen Beruf so zu erfüllen, wie es die Pflicht gebietet, und schon darum allein, ohne seine grundlegenden Verdienste um Forschung und Lehre in der Phsyiologie, ist der Mitbegründer dieser Weltanschauung, Emil du Bois-Reymond, ein Meister der Heilkunde!

ZUR BIOGRAPHISCHEN LITERATUR ÜBER EMIL DU BOIS-REYMOND

EINE ausführliche Biographie in Buchform ist nie verfaßt worden, was schon dadurch erschwert worden wäre, daß du Bois-Reymond selbst wohl nie daran gedacht hat, Lebenserinnerungen zu veröffentlichen (zum Unterschied z. B. von den Anatomen Kölliker und Waldeyer) und außer den erwähnten Jugendbriefen an Hallmann und vereinzelten, schwer auffindbaren Briefen an Freunde und Fachgenossen kein autobiographisches Material hinterlassen hat.

Die besten kürzeren Lebensabrisse haben Paul Grützner in den Nachtragsbänden der Allgemeinen Deutschen Biographie und Isidor Rosenthal in der als Einleitung der zweiten Auflage der gesamten Reden vorausgeschickten, etwas abgeänderten Gedenkrede gegeben.

Die Zahl der gelegentlichen biographischen Abrisse, kritischen Würdigungen (oft sehr wenig würdig!) in Fachzeitschriften, Revuen, Konversationslexicis usw. ist sehr groß und kann hier nicht aufgezählt werden.

Erwähnung verdient vielleicht noch die Schrift von Erich Metze: „Emil du Bois-Reymond, sein Wirken und seine Weltanschauung", deren erste Veröffentlichung im vierten Bande der „Neuen Weltanschauung" 1911 erfolgte, und von der eine dritte Auflage, Bielefeld 1918, zum hundertsten Geburstag des Forschers erschien, die außer einigen Zusätzen den Versuch einer Kritik der Machschen Erkenntnislehre enthalten sollte, der aber, bei Anerkennung dessen, daß Metze eine gewisse Ahnung der „schwachen Punkte" Machs gekommen ist, dem Verfasser und wohl jedem Positivisten verfehlt erscheinen muß und kaum geeignet ist, gerade du Bois-Reymonds Verdienste um die naturwissenschaftliche Weltanschauung herauszustreichen.

ZUM STAMMBAUM DER DU BOIS-REYMOND

JEAN DU BODZ, dit Cisandier, verh. mit Marie JACOT
„vitrier à Chaux-de-Fonds“, begraben dort 15. III. 1718

mehrere Töchter und DAVID DU BOIS
geb. 7. III. 1682, ebenfalls Glaser, auch in Berlin tätig, später Landbesitzer in Couty

DANIEL DU BOIS
getauft in Chaux-de-Fonds 10. VII. 1718, begraben in Dombresson 17. IX. 1781,
Glaser, Milizhauptmann usw.

DANIEL CHODOWIECKI
1726—1801;
verh. mit J. BAREZ

in 1. Ehe mit Marie JAQUET verheiratet

DAVID DU BOIS, verh. mit MARIANNE REYMOND
geb. 27. IX. 1744, gest. Febr. 1784

Susanne Marie

in 2. Ehe mit ? verheiratet

Daniel Frédéric

Julie verh. de Saules

Tochter verh. Engel

FÉLIX-HENRI DU BOIS (-REYMOND),
geb. 21. VIII. 1782 in St.-Sulpice, gest. 1864 in Berlin

verheiratet mit

SUSANNE, verh. HENRY, geb. 1763

MINETTE HENRY

Kinder Daniel Chodowieckis:

Jeannette, verh. PAPIN, geb. 1761

Jeannette, verh. RECLAN, geb. 1784

Minna, verh. CLAUDE, geb. 1810

JEANNETTE CLAUDE, geb. 1833

Kinder von Félix-Henri und Minette:

Julie, geb. 1816, verh. Rosenberger

Gustave, geb. 1823, gest. 1829

Félicie, geb. 1825

David PAUL Gustave DU B.-R. geb. 1831, gest. 1889

→ EMIL DU BOIS-REYMOND, verheiratet mit JEANNETTE CLAUDE ←

Ellen | Claude d. B.-R. verh. mit Lehmann | Lucie | Aimée, verh. Runge 5 Kinder | Allard d. B.-R. verh. m. Hensel 4 Kinder | René d. B.-R. verh. mit Frieda Bäumler 5 Kinder | Percy | Estelle | Rose

NAMENVERZEICHNIS

INHALT

AUS UNSEREM VERLAGE